NAVER 천재교육 에 들어오시면
다양한 이벤트 및 정보를 보실 수 있습니다.
KB260333
수학 천재들의 시간여행 도형·측정 편 16
수학 삼국지
치우의 동작원정대
글·그림 채정택·김희석

등장 인물

천방지축 수학천재 치우

국제 올림피아드를 치르기 위해 영국으로 가던 도중 비행기 추락으로 성하, 도해와 함께 삼국지 시대로 빨려들어가 유비 진영에 떨어짐. 수학을 이용하여 유비를 도와줌.
능력치가 나타날 때 人(사람 인)자가 생김.
상징 동물은 호랑이.

자아도취 꽃미남 도해

늘 1등만 하는 수학 천재에 잘생기기까지 해서 모든 이에게 부러움과 사랑을 한몸에 받는 잘난척 대마왕.
치우, 성하와 함께 삼국지 시대로 빨려들어가 악의 화신 동탁 진영으로 떨어져 신선 흉내를 내고 있음. 동탁이 여포에게 죽임을 당한 후 여포 편이 됨.
능력치가 나타날 때 天(하늘 천)자가 생김.
상징 동물은 용.

최강의 형님 바보 관우

무예와 힘이 뛰어나 혼자 능히 만 명을 상대할 만하다는 평을 받는 장수.

천하제일 소심남 유비

황제의 숙부로 다소 우유부단 하지만 부족한 지성을 후덕함으로 극복함.

파워불도저 장비

관우가 자신과 대적할 유일한 인물이라고 평가할 정도로 뛰어난 장수.

팔방미인 엄친딸 성하

톱 여배우의 딸로 예쁘고 수학천재지만 진정한 친구를 사귀고 싶은 외톨이. 치우, 도해와 함께 삼국지 시대로 빨려 들어가 조조 진영에 떨어져 조조를 도와줌.
능력치가 나타날 때 地(땅 지)자가 생김.
상징 동물은 봉황.

난세의 간웅 조조

처세술이 뛰어나고, 난세의 간웅이라고 할 정도로 재주가 출중하고 꾀가 많음. 조조의 자는 맹덕이다.

* 난세 : 전쟁이나 무질서한 정치 따위로 어지러워 살기 힘든 세상.
* 간웅 : 간사한 꾀가 많은 영웅.
* 자(字) : 본 이름 외에 부르는 이름. 예전에, 이름을 소중히 여겨 함부로 부르지 않았던 관습이 있어서 본 이름 대신으로 불렀다.

손책

손견의 장남이자 손권의 형으로 어린 나이에 강동 지방을 정벌하여 오나라의 기반을 닦은 인물이다. 초한지의 영웅인 항우와 비교되는 인물로 소패왕이라 불렸다. 성격이 몹시 급하고 화를 참지 못하는 성격 탓에 변을 당해 일찍 생을 마감한다.

주유

오나라의 명문 집안 출신으로 손책과는 형제처럼 가깝다.
소교라는 절세미인의 아내가 있다.

손권

손견의 아들이자 손책의 동생으로 손책이 중요한 일을 상의할 땐 항상 손권과 상의하였다. 손책만큼의 전투 능력은 떨어지지만 인재를 알아보고, 다정하면서도 단호한 결단력으로 오나라를 발전시킨다.

감녕

오나라의 장수로 성격이 불같고 의협심이 강하다.

유표

형주 자사로 갈 곳을 잃은 유비가 의탁해 오자 받아준다.

조조의 동작대

조조는 땅을 파다 우연히 오래전 물건인 구리로 만든 참새를 발견한다. 그리고 조조의 아들 조식은 이를 좋은 징조라고 하며 동작대를 세울 것을 건의한다.

순유 또한 "지난 날 순임금의 어머니는 꿈에 옥으로 된 참새가 품안에 날아든 것을 보고 순임금을 낳았다고 합니다. 승상께서는 비록 구리로 된 참새를 얻으셨으나 역시 길조인 것만은 틀림없습니다."라고 한다.

이에 조조는 업의 서북쪽에 누대를 짓고 구리로 만든 봉황으로 지붕 위를 장식한다.

동작대를 세운 후 조조는 문무관리를 모두 동작대에 모이게 하였다. 그리고 무장들을 두 부대로 나누고 조씨 일가는 홍포를 입게 하고 그 나머지는 모두 녹포를 입게 한 후 활솜씨를 겨루게 하며 즐겼다.

문관들에게는 시를 지어 승리를 기념하게 하였는데, 대부분이 조조를 칭송하는 내용이었다.

사실 조조의 가문은 관료를 배출하거나 또는 명사를 낳은 유서깊은 가문이 아니었다. 그래서 더욱 동작대를 지어 자신이 하늘이 선택한 인물이라고 생각하게 만들었다.

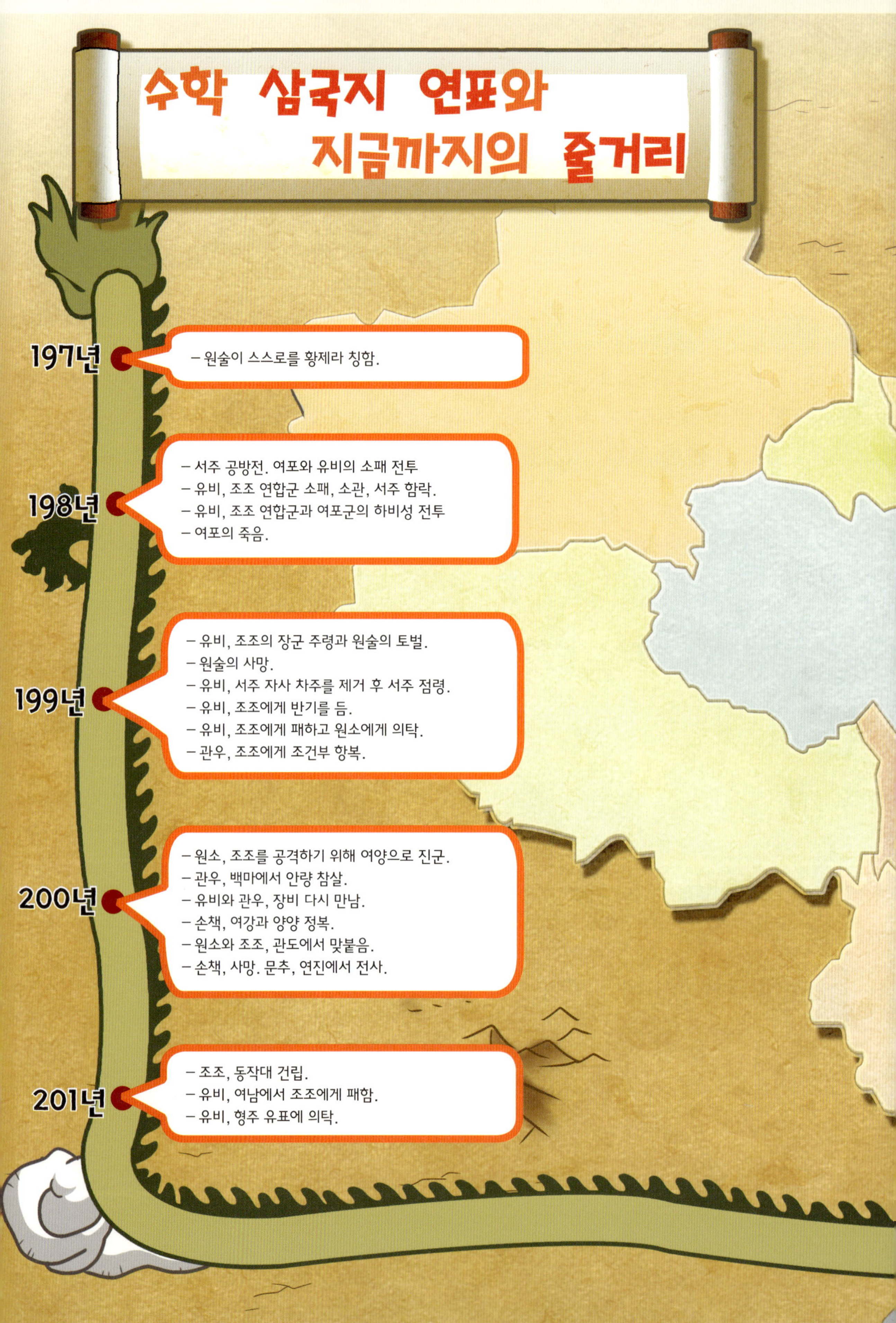

수학 삼국지 연표와 지금까지의 줄거리

197년
– 원술이 스스로를 황제라 칭함.

198년
– 서주 공방전. 여포와 유비의 소패 전투
– 유비, 조조 연합군 소패, 소관, 서주 함락.
– 유비, 조조 연합군과 여포군의 하비성 전투
– 여포의 죽음.

199년
– 유비, 조조의 장군 주령과 원술의 토벌.
– 원술의 사망.
– 유비, 서주 자사 차주를 제거 후 서주 점령.
– 유비, 조조에게 반기를 듦.
– 유비, 조조에게 패하고 원소에게 의탁.
– 관우, 조조에게 조건부 항복.

200년
– 원소, 조조를 공격하기 위해 여양으로 진군.
– 관우, 백마에서 안량 참살.
– 유비와 관우, 장비 다시 만남.
– 손책, 여강과 양양 정복.
– 원소와 조조, 관도에서 맞붙음.
– 손책, 사망. 문추, 연진에서 전사.

201년
– 조조, 동작대 건립.
– 유비, 여남에서 조조에게 패함.
– 유비, 형주 유표에 의탁.

지금까지의 줄거리

관도에서 원소와 조조의 전투가 시작되고 성하는 조조의 군사가 되어 조조를 돕는다.

원소는 조조와의 전투에서 처음에는 승리하지만, 허유와 저수, 전풍 등 참모들의 충언을 듣지 않고 오히려 배척하면서 스스로 고립을 자처하다 조조에게 크게 패한 후, 후퇴하다 병사하고 만다.

손책 또한 갑작스런 죽음을 맞이하고, 그의 동생 손권이 오나라를 다스리게 된다.

한편 유비는 조조가 원소와 전쟁을 하는 틈을 타 조조의 본진 허도를 공격하는데...

차례

동작을 찾아서 주작의 동굴로!

허도성

치우..
유비의 조언자 역할을
한다지?

혹시..
너도 '수학'이라는 것을
할 줄 아느냐?

무릎을
꿇어라!

치잇!
이거 놔!

쿠

웅

죽어도 말할 수 없어!

조조에게 수학의 비밀을 알려주면 유비님이 위험해 질 거야!

모른다!

...

치우.. 난 그렇게 나쁜 사람이 아니야. 소리지를 것까지는 없잖아.

그냥 물어본 것 뿐인데..

내가 보기엔 수학이라는 것은 군사적으로 사용할 때도 큰 힘을 발휘하지만

사람들의 생활을 더 편하게 만드는 데에도 사용할 수 있을 것 같아.

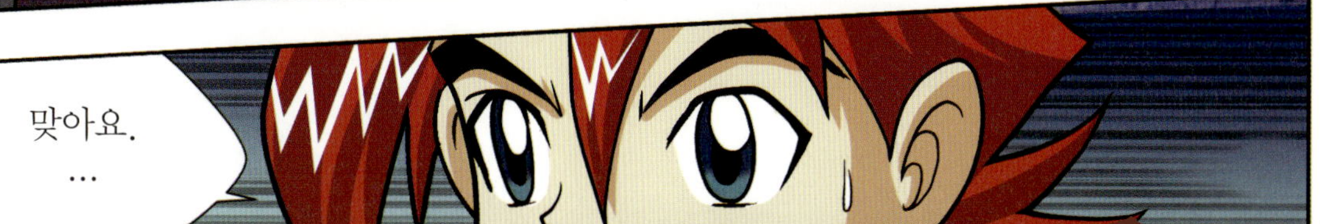
맞아요.
...

조조께서는 모르시겠지만 미래에는 컴퓨터가 인간의 모든 일을 도와줍니다.

2진수

2를 기수로 하여 0과 1의 2종류 숫자로 나타내는 수. 두 값의 신호 (0 또는 1)는 컴퓨터 내 정보의 최소단위(1bit)로서 취급되고 2진수가 기본이 된다.

조조께서도
수학의 비밀을
알고 싶다면
백성의 마음을 이끄세요.
그리고 전쟁을
멈추세요.
그렇지 않으면
절대 수학의 비밀을
알려줄 수 없어요!

그래서..
유비는 되고
나는 안된다는
얘기인가?

전쟁을 멈추지
않는 한
안되죠.
유비님은 백성들에게
존경을 받고 있어요.
평화적이고, 진심으로
백성을 아껴요.

유비...
변변한 땅조차 없는
무능력한 자가
수학의 비밀을
가질 자격이 있다고?
훗! 재미있군.

치우를 풀어주거라! 더 이상은 듣고 싶지 않구나.
넷! 승상!

승상 그 아이를 풀어주시면 안됩니다.

저 아이를 풀어주면 수학의 힘으로 우리 군을 계속 위협할 것입니다!
우리 군에 들어올 것이 아니면 처리해 버려야 합니다.
순욱
곽가

…
그렇겠지.
지금 당장 성하를 불러오라.

예?
치우가 잡혀 있다구요?

치우야!
서..성하!

예?
저 아이를 우리 편으로
만들면 살려주고,
안되면 처리할테니
성하 군사가
잘 설득하시오!

흥! 조조!
이런다고 내가
수학의 비밀을
알려줄 것 같아?

치우 어떻게
된 거야?
조조 군이 유비님을
공격하다가 날
잡아왔어!

이녀석!
당장 볼기를
때려주마!
감히
조조 승상을
함부로
부르다니!

잠깐만요!
치우를 우리 편으로
만들테니 폭력은
쓰지마세요!
치우야 그렇지?
우선 밖으로
나가자!

헉! 헉!

치우야! 큰일날 뻔 했어!
우리 조조님의 부하들은
유비 군이라면 정말
싫어하거든.
그렇겠지.

그런데,
이것 좀 풀어주면
안될까?

아! 미안..
아프지 않았어?
응, 괜찮아.

그런데, 어떻게 여기서
빠져나가지?

보통 방법으로는
불가능할 거야.
볼래?
와아~
치우가 도망간다!

뭐라구?!
어디?!
어디?

봤지?
…

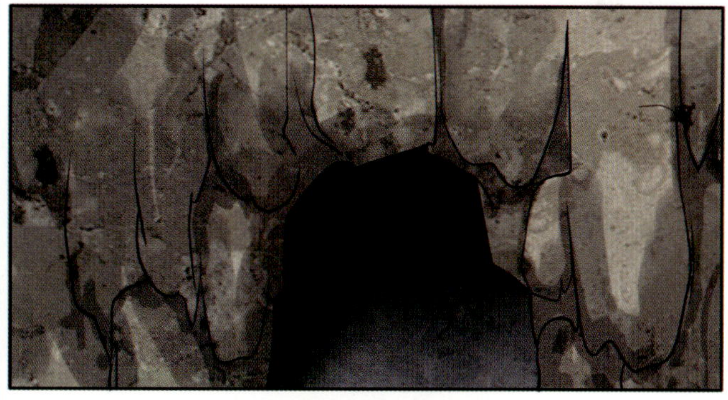

???
요긴 어디야?
주작의
동굴이야.

주작의 동굴? 그게 뭔데?
'동작'이 묻혀 있는 곳이지.

'동작'?
'동작'은 구리로 만든 봉황을 말해.

조조님은 자신만의 궁전인 '동작대'를 건설하고 있거든. '동작대'의 지붕에는 이 '동작'이 필요해.
동작대??

동작대

동작대는 중국 한나라 말기인 건안 15년에 조조가 업의 서북쪽에 지은 누대이다. 구리로 만든 봉황으로 지붕 위를 장식한 데에서 생긴 말이다. 후대에 계속 유지보수 했으나, 명나라 말 큰 홍수로 인해 지금은 그 토대만 남아 있다.

왜냐하면 동작은 중국 전설 속의 동물들이 지키고 있거든.
전설 속의 동물?

덜
덜
혹시 아주 무서운 괴물같은 것이 있는 것 아냐?

나도 잘 모르지만 특별한 힘을 갖고 있는 동물이라고 해.
조조님의 도서관에 있는 오래된 책에서 찾아냈지.

으헉!
저..저게 뭐야?!
후웅

성하!
도망치자!
괴..괴물이야!
악마처럼 생긴
거대한 괴물이...

큐잉?
난
현무~

엥? 이게 전설의..
괴..물?
와핫하하!
귀엽잖아?
애완동물해도
되겠다!
큐잉?
누구냐!
너네는..
슉-슉

장비님이 이 꼬맹이를 보면 술안주로 잡아 먹...
덥썩!

아얏! 왜 깨물어?
콩
큐우웅~ 큐웅~
아파~ 아파~~

치우. 왜 귀여운 동물을 때리고 그래?
갑자기 나를 깨물잖아.

크르르르르
응?

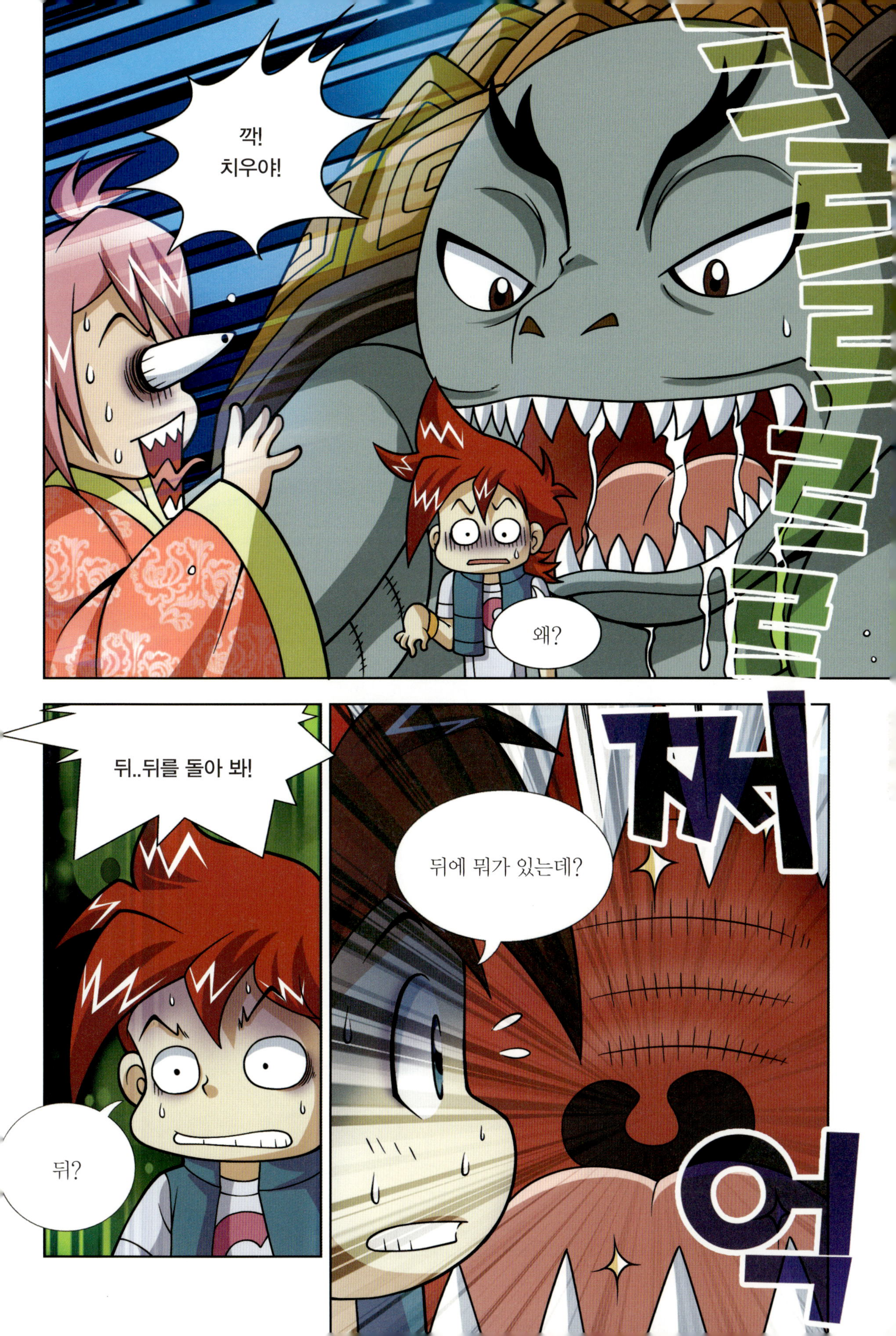

뒤..뒤를 돌아 봐!
뒤?

꺅!
치우야!
왜?
뒤에 뭐가 있는데?

치우야!
위험해!

텁

으악!
뭐야?!

나 지금
먹힐 뻔 한
거야?

이 동물의
어미인가 봐!

그럼 이 위기를
벗어날 방법이
있지!

내가 인질을 잡고 있다!
내 말을 듣지 않으면
얘를 장비님에게
줄거야!

큐잉~

크아악!
쿵
쿵
쿵
으얏!
더 화났나 봐!
바보야!
새끼를 위협했으니
당연하지!

동굴 밖으로 나가자!
탈출해야 해.

큐잉!
푸슝

콰앙—

입구가 막혔어!

어떡해 치우야! 탈출할 수가 없어!

으아아! 이젠 저 괴물과 싸우는 수 밖에 없나?

덤벼라!

슈우웅

뉴아아아

쿠아아
…

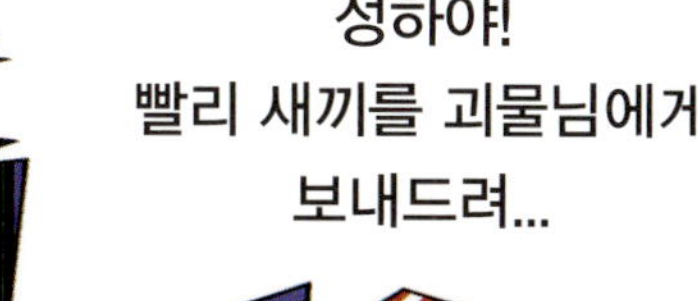

성하야!
빨리 새끼를 괴물님에게
보내드려...

키잉...♡
킹...♡
짝짝

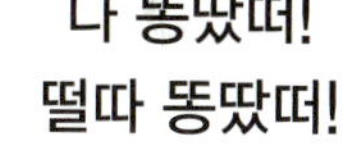

나 똥땄떠!
떨따 똥땄떠!

그..그래?
그럼 이 형아가
웃겨줄까?

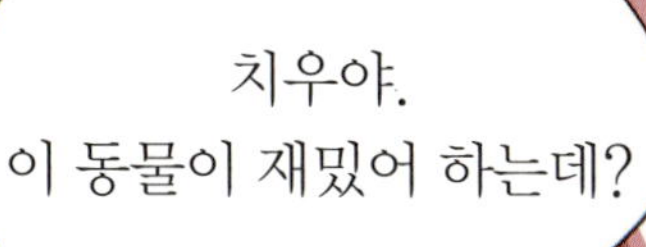

치우야.
이 동물이 재밌어 하는데?
쿵

크르르..
노잼

크아아!
화르르

콜록

꺄르르
큐잉♡
큐잉♡

크르르
우리 아이가
웃는 것이
얼마만인가!
한 이백 년만이군!

괴물이 말을
했어!
이젠
놀랍
지도
않아.

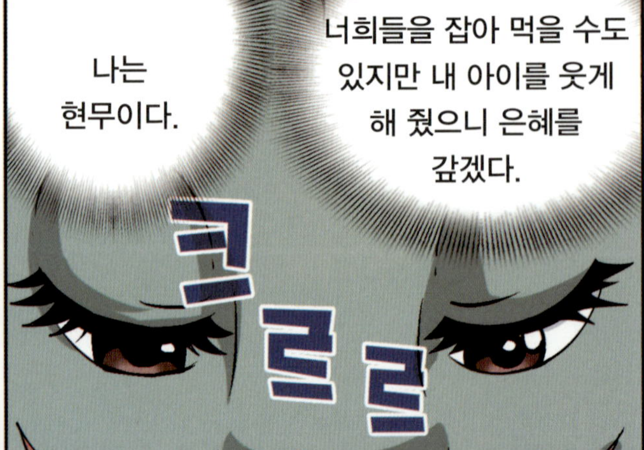

나는
현무이다.
너희들을 잡아 먹을 수도
있지만 내 아이를 웃게
해 줬으니 은혜를
갚겠다.
화르르

이 옷은 나의 비늘로 만든 옷이다. 나의 비늘은 어떤 창으로도 뚫을 수가 없지.
이 옷을 너에게 주겠다.

어떤 창으로도 뚫을 수가 없다고? 대단한데? 엄청 귀한 옷이잖아?
우와~

자 이건 네게 줄께, 성하.

나보다 네가 더 필요할 거야. 난 이제 제법 무술이 늘었거든.
…

내가 입기엔 너무 크지 않을까? 넓이가 넓어 보여.

넓이라면 제곱미터 말하는 거지?

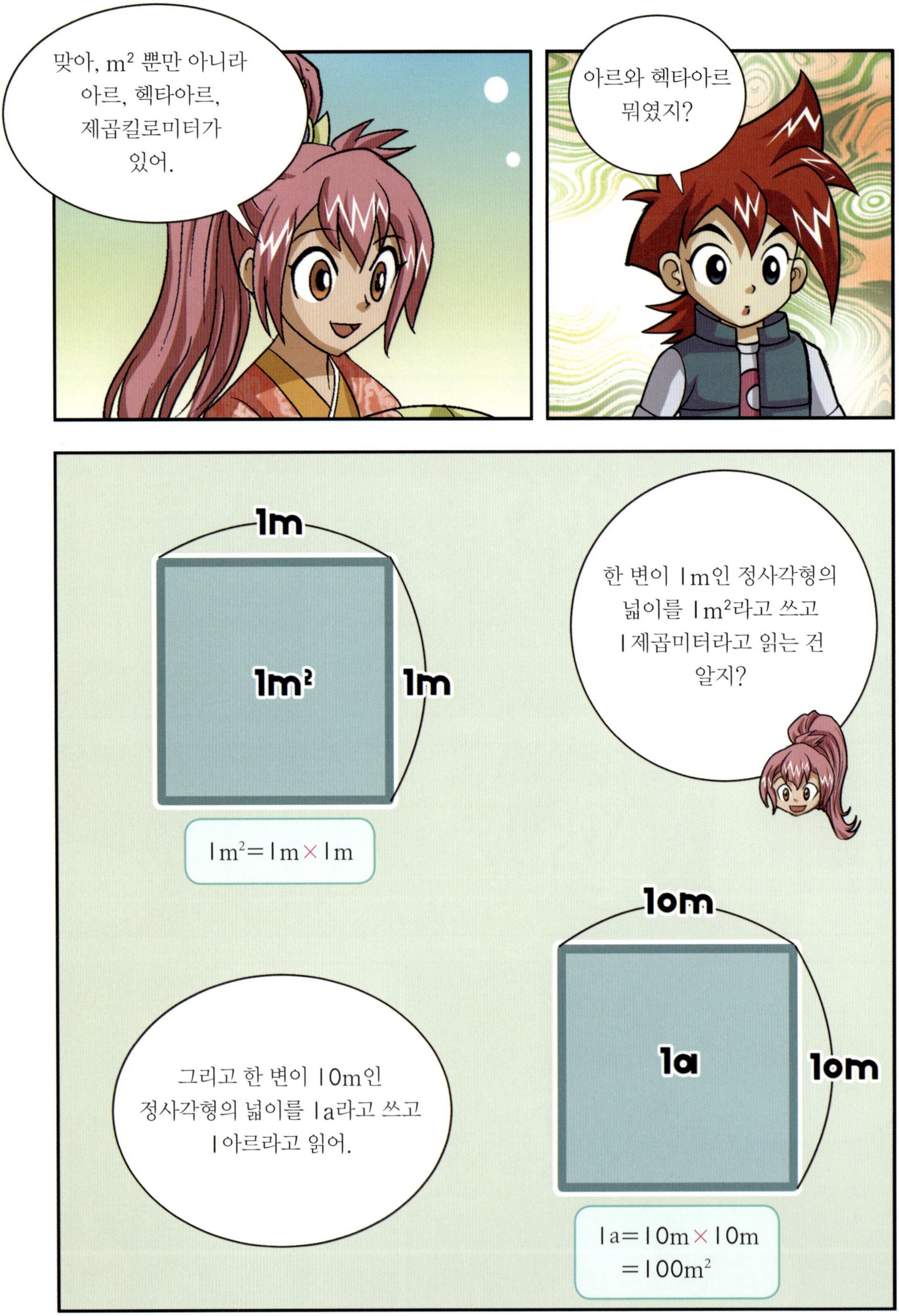

맞아, m² 뿐만 아니라 아르, 헥타아르, 제곱킬로미터가 있어.

아르와 헥타아르 뭐였지?

1m
1m²
1m
1m²＝1m×1m
한 변이 1m인 정사각형의 넓이를 1m²라고 쓰고 1제곱미터라고 읽는 건 알지?
그리고 한 변이 10m인 정사각형의 넓이를 1a라고 쓰고 1아르라고 읽어.
10m
1a
10m
1a＝10m×10m ＝100m²

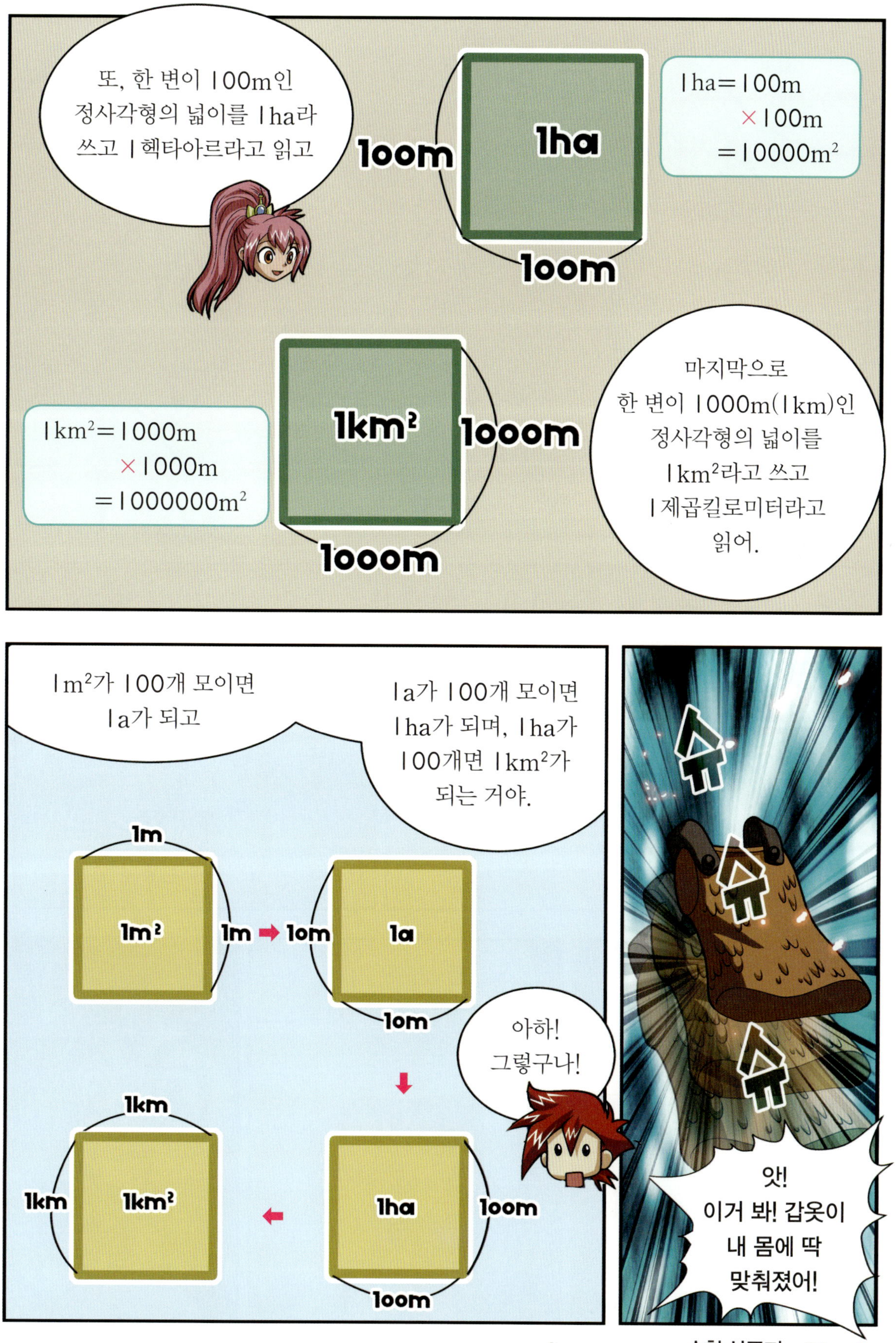

또, 한 변이 100m인 정사각형의 넓이를 1ha라 쓰고 1헥타아르라고 읽고

1ha

100m
100m

1ha=100m
×100m
=10000m²

1km²

1000m
1000m

1km²=1000m
×1000m
=1000000m²

마지막으로 한 변이 1000m(1km)인 정사각형의 넓이를 1km²라고 쓰고 1제곱킬로미터라고 읽어.

1m²가 100개 모이면 1a가 되고

1a가 100개 모이면 1ha가 되며, 1ha가 100개면 1km²가 되는 거야.

1m
1m²
1m ➡ 10m
1a
10m

1km
1km
1km²

1ha
100m
100m

아하! 그렇구나!

앗! 이거 봐! 갑옷이 내 몸에 딱 맞춰졌어!

슈
슈
슈
슈

어때?
이걸 입으니까
생각보다 가볍고
좋은 것 같아.

응. 좋은데!

어디 한번 만져 볼까?

꾸욱

꺅!
어딜 만지는
거야?

퍽

돌발 퀴즈   정답은 40쪽에

1. 1a는 몇 m²입니까?
2. 1ha는 몇 a이고, 몇 m²입니까?

동굴이 끝없이 이어지네.
뒤로 돌아갈 수 없으니 앞으로
나아가는 수 밖에.

왠지
무섭다.

어?
저건...?

아얏!
눈부셔!
청룡갑옷이다!
팟

이곳까지 사람이
들어오다니 놀랍군.
너희들은 누구냐?

…
아. 예. 저희는 동작을 찾으려고 왔는데요.
동작?
주작을 만나러 왔다고? 겁도 없구나.
그렇다면 그만한 실력도 갖추고 있겠지?
창
파
얏
우왓! 청룡?!
예.

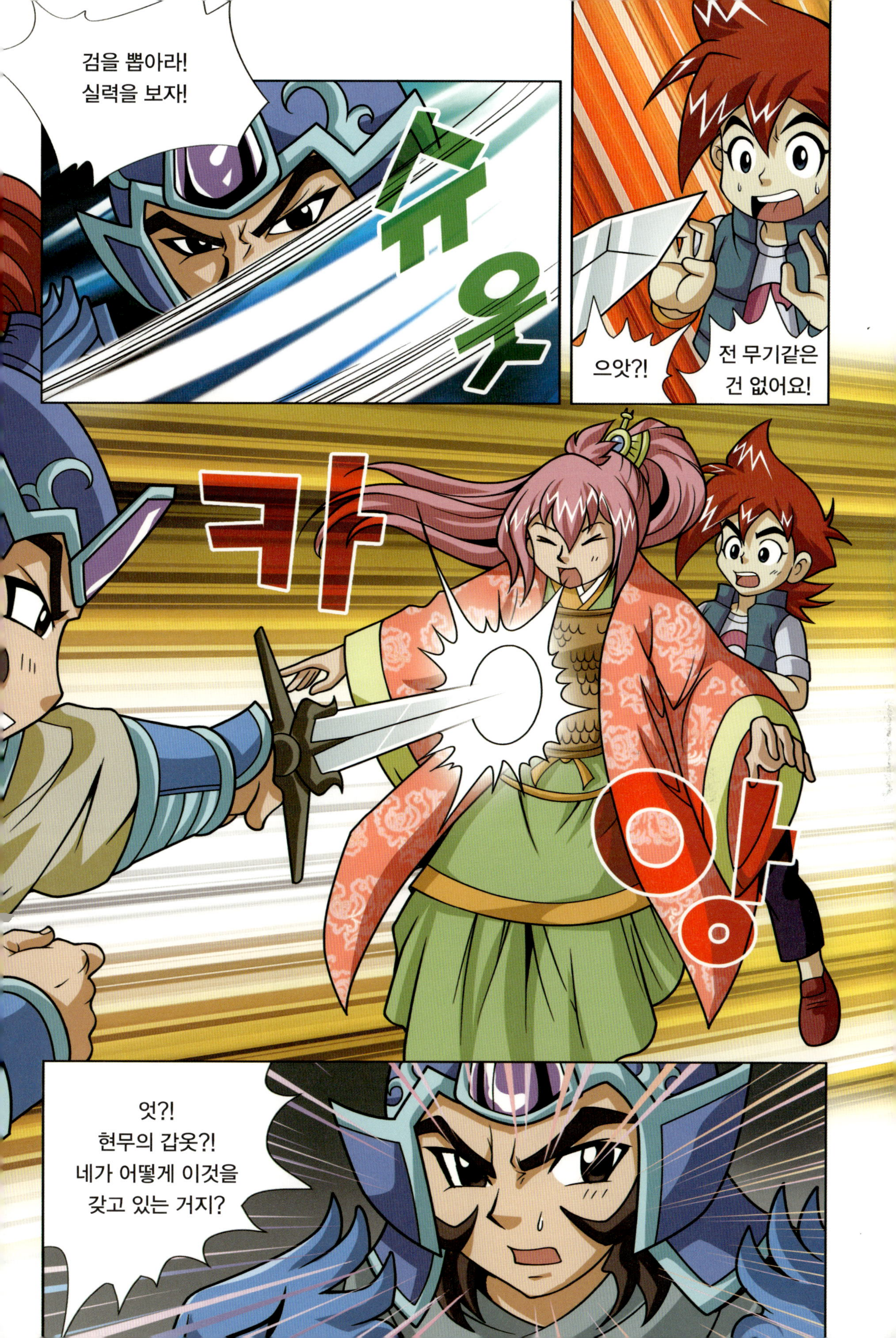

검을 뽑아라!
실력을 보자!
슈우
으앗?!
전 무기같은
건 없어요!
카
앙!
엇?!
현무의 갑옷?!
네가 어떻게 이것을
갖고 있는 거지?

현무의 갑옷을 얻었다 해도 허락된 자만이 입을 수 있는데!
수학의 힘으로 입을 수 있었어요.
수학? 그게 뭐냐. 마법인가?
아니면 주술?
마법도 아니고 주술도 아니에요.
사물을 헤아리거나 측량하는 학문이죠.
수학은 인간이 생기면서 연구해 온 가장 오래된 학문 중 하나에요.
파앗!
한 번 싸워 보면 수학이라는게 얼마나 강한 힘을 갖고 있는지 알 수 있잖아!
굉장한 힘을 갖고 있죠.
좋아.
탁
그렇다면 수학으로 날 이겨 봐라.
우왓!

잠깐만요!
수학은 그런 식으로
싸우는 것이
아니라구요!
시끄럽다!
슈웅
슈웅

꺅!
성하!
콰앙
쾅

좋다!
내가 널
수학으로 무릎꿇게
만들겠다!

뭐?

와핫하하!
나를 무릎꿇게
만든다고?

그래. 재밌군!
한 번 해 봐라!
척

치우! 어쩌려고
그래!
나만 믿어!

너는 이 동굴의 넓이가
얼마나 되는지
알고 있나?!

뭐?
이 동굴의 넓이?
그래.
네가 살고 있는
이곳의 넓이 말이야!
그냥 좀 좁다라는 것만
알고 있으면 되는 것
아니야?
아니야!
정확히 알고 싶지
않나?

나는 수학을 이용해서
정확한 넓이를 말할
수 있다!

정확히 알아야
할 필요가
있나?
흥! 정확한
넓이를 모른다면
문제가 되지.
이 방이 현무방
보다
클까? 작을까?

32쪽 정답 1. 100m² 2. 100a, 10000m²

10m
10m
그렇다면 이 방의
가로와 세로는 각각
10m씩인데
넓이는 얼마일까?
가만 있자.
가로가 10m에
세로가 10m면
1m²가 몇 개나
들어가는 거지?
100개인가...
슥 슥

앗! 저것 봐! 무릎꿇었지?
앗?! 아차!

이..이건 다르잖아!
헹! 무릎꿇은 건 맞잖아! 크크크
벌떡!

쳇! 약속은 약속이니까.. 청룡은 신의를 중요시한다.

통과해도 좋다. 그리고 선물을 주겠다. 이것도 가져가거라.
'청룡의 여의주'이다.

청룡의 여의주?
우와~ 아름답다!
신비한 힘이 있는건
아닐까?
그 여의주는 청룡을
소환할 수 있는
구슬이다.
언제, 어디서든 그
구슬을 사용하면
날 부를 수 있다.
지
잉

하지만 명심해라.
이 구슬을 한 번 사용하면
1주일 간은 기절해
있을 것이다.
그만큼 강력한 힘을
갖고 있거든.

음. 아주 귀중한 아이템을
얻은 것 같아.

뭐..
뭐라고? 아이테므?

아이템이요.
크크 미래에서 자주
쓰는 말이에요.

어쨌든
고맙습니다.

아. 그리고, 현무의
방은 가로가 9m,
세로가 11m였어요.

9m
11m
9m × 11m = 99m²

넓이를 계산하면
99m²이니까
청룡님의 방이
더 넓어요.

그러니까
방은 바꾸지 마세요.
청룡님의 방 넓이는
100m²거든요.

이런 것은
수학이 아니라면
알 수가 없겠죠?

수학의 힘!
꽤..
쓸모있는데?

이번엔 어떤 동굴이 나올까?
이번에야말로
'동작'일까?

우왓!
여..여긴?

개념 체크

$|0$ m $|$ [ ]

$|0$ m

(1) $|$ a = [ ] m²   (2) 5 ha = [ ] a

(3) $|20$ a = [ ] ha   (4) 20 km² = [ ] ha

$|$ ha

(넓이 단위의 관계)

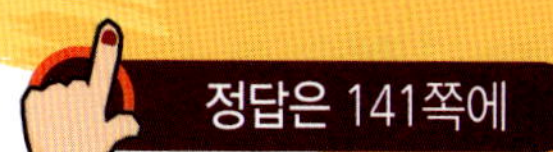

퀴즈 4

초선

도해

(   )

퀴즈 5

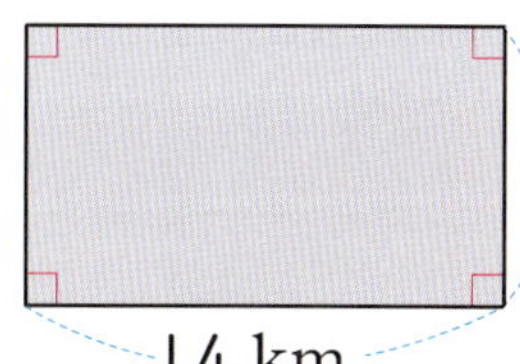

□ ha

퀴즈 6

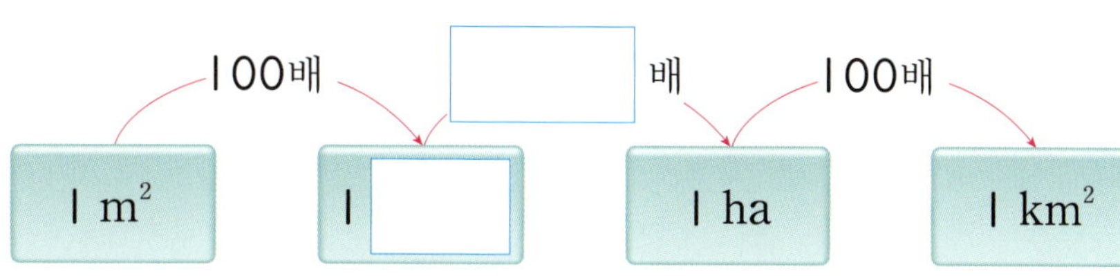

1화에서 알게된 수학 개념

넓이의 단위 m^2, a, ha, km^2 사이에는 다음과 같은 관계가 있습니다.
$1000000\ m^2 = 10000\ a = 100\ ha = 1\ km^2$

2화
치우, 드디어 탈출하다!

쿠
고오오오
쿵
동굴 속에 정글이...
이곳에 동작이 있을까?

앗?!
저길 봐!
그런데, 너무 높은
곳에 있어.
안돼!
동작이 있어야 치우
너를 풀어줄 수
있다구!
기할까?
럭!
내가 올라갈게!

저게
동작인가 봐!
어떡하지?
앗! 성하!
위험해!
괜찮아.
이정도쯤!
툭!
악!

주르룩
꺄아악!

성하!
내가 받아줄께!

풉!
익!

꺄악! 왜 내 엉덩이 밑에
네 얼굴이 있는 거야?!
슈웅
뻥!
네가 날 깔고 앉았잖아!

이 물컹한 느낌은...

엇?

턱!
동작이다!

잡았다!
동작!
잘했어.
치우!
척!
크ㄹ

ㄹ
ㄹ
응??

크르릉
으악!!
고..공룡!
바보!!
공룡이 아니야!
백호지!
백호?!
호랑이가
왜 여기 있어?!
도망쳐!
다다다
도망칠 곳도
없어!

크앙!
턱!
성하!
살려줘!
살려줘!
어..어떡하지?
어떡하지?
자~ 야옹아~
이거 보이지~?
으으
잘 봐~
던진다~
성하...
뭐하는 거야,
치우!

물어 와!
휘 익
바보!!
백호가 고양이니?
물어올 것 같아?

고 양
통했다!
앗싸!
통했다!!

크 엉
툭
응?
또 던져달라고?

휘 익
좋아!
이번엔
더 멀리!

응?
번뜩이는
아이디어가!!

이얏!
풀파워로!

이얏호!
백호를 잡았다!

키잉~

엇? 고양이가
있었네?

고양이가 아니라
백호의
새끼인가 봐.

치우는
정말~

고...
고양이

킹킹...

엄마를
찾나봐.

꺼내 줄까?

응.

지렛대를 이용해서 꺼내 보자.
이 지렛대는 10배로 무거운 것을 들어올릴 수 있어.
우리 둘의 몸무게를 합치면 100kg인데, 10배면 몇 kg이지?
가만 있어 보자. 무게의 단위로는 그램, 킬로그램, 톤이 있지?
g-그램
kg-킬로그램
t-톤

1g   1kg   1t
×1000배   ×1000배

1kg=1000g, 1t=1000kg

1g의 1000배가
1kg이고,
1kg의 1000배가
1t이야.

kg은 곡식의 무게에 쓰이더라고... 엄마가 아빠한테 '쌀 20kg만 사다줘요.'라고 시키셨어.
호호호. 맞아. 또 우리 몸무게도 kg이지.

1t은 이사할 때 보니까 엄마가 이삿짐 센터하고 이삿짐 트럭을 1t을 부를 것이냐 2t을 부를 것이냐 하고 상담하시더라고.
그렇지. t은 버스나 트럭, 코끼리 등 무거운 무게에 쓰여.

치우는 엄마 심부름으로 무게의 단위는 확실히 배웠구나?
굽적
굽적
그러고 보니 그렇네... 심부름도 공부가 되네.

좋아! 그럼 1톤을 들어 볼까?
하나! 둘! 셋!
팟
팟
팟

이얍!
쿠웅
우드드

쿠쾅
나왔다!

와아~!
다행이다!!

큐흥흥~
큐웅~
큐웅
아기 백호가
있는 줄은 몰랐어.

크르릉
크릉크릉!
우리 보고
따라오라고
하는데?

크릉!
크크릉!
어디로 따라오라는
거지?

큐큐!
엇?
우와!

엄청난 보물들이다!

이 칼만 해도
한 마을 정도는
살 수 있겠어!

어디.
툭!

으아. 돌이 두부처럼
썰리네!

이것을 가져갈까..
응?
공이...

치우. 그래서 가장 훌륭한 보물은 챙긴 거야?
응. 가장 값비싼 보물을 챙겼지.

자. 이 공은 네게 주는 선물이야.
큐웅♡

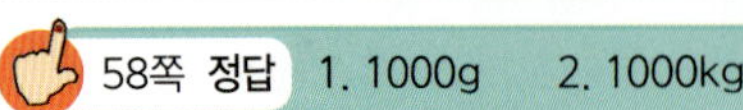

58쪽 정답   1. 1000g   2. 1000kg

퍼
엉
우와! 동작이 변했어! 이것이 주작인가?!
굉장해~

아하! 주작을 타고 이곳을 빠져나가라는 거야?
끄덕 끄덕

재밌겠다! 어서 타자!

파
아
앗
고마워 백호!

끼루욱

치우. 만약 공 대신 그 보검을 가지겠다고 했으면 어떻게 됐을까?
좋은 검은 얻었겠지만 동굴 밖으로는 나오지 못했겠지.

…

치우는 겉으로는 덜렁대는 것 같지만 알고보면 지혜로워!
역시 내 베프야!

저기 조조님의 성이 보인다!
성에 들어가기 전에 치우를 유비님께 내려줄게.

유비님!!
치우!
치우! 조조에게 잡혀 갔었는데, 무사했구나! 어떻게 된 거냐?
신비한 동물들이 도와 주었어요!

다행이다. 난 네가 잘못되었는 줄 알고 얼마나 걱정했던지..
훌쩍

몸조심 해!
치우! 그럼 난 갈께!

끼루욱~

흠.. 치우가 괴상망측하니까, 여자 친구는 더 괴상망측 하구나...
새를 타고다니는 여친이라...

여자 친구 아니거든요? 괴상망측하지도 않구요...
여자친구 맞구먼. 단둘이 새 타고 데이트 했잖아.

장비! 잡담할 때가 아니다. 우린 지금 조조의 총공세에 대한 준비를 해야 해.
아! 맞다! 형님. 미안해유~

조조의 총공세라구요?

그게.. 조조가 유벽과 공도를 패배시키고 우리의 보급소를 장악했단다. 결국 우리는 연전연패하고 있다.

원소를 물리친 후 조조는 그 전과는 비교할 수 없을만큼 강해졌어.
이제 막 작은 세력을 구축한 우리는 우습게 보이겠지.
유비님. 아직 포기하긴 이릅니다. 백성들은 아직 주공의 편입니다.
조자룡.
옆 땅 형주에는 유표라는 성주가 있습니다. 만약의 경우 그곳으로 피하는 것도 생각해 보십시오.
유표.. 유표라면 손견을 죽이고 손책을 데리고 있던 명장아닌가...
그가 우리를 받아줄까?

유비 주공과는 친척 사이이니 환영해 줄지도 모릅니다.

휴~ 겨우 발붙일 땅을 마련했나 싶었는데..

유비 형님! 조조가 이곳으로 정예군을 이끌고 오고 있습니다!

관우! 조조 군의 병력은 어느 정도인가?

적의 병력은 약 5만! 우리 군은 3천도 되질 않습니다.
위기입니다.

5만 대 3천이라..
맙소사...
어떡하지?

끼
루
욱

으악!
괴물새다!
저렇게 큰 새가
어디서
나타났지?

턱

고마워 주작!
덕분에 무사히
도착했구나!
끼
뚝

우와~ 우리
성하 군사님은
도사였나봐!
괴물새를
애완동물처럼
다루시네!
히야~

팟

츄
츄
츄
동작으로
돌아왔구나!

오! 이것이
동작인가?

네. 조조님.
이 동작을 치우가
구해와서 치우를
풀어주었어요.
음. 그래.
잘했구나.

이 동작을
나의 동작대에 장식해
놓으면 되겠구나!
하하하!

이제 곧 세상에서 가장 아름답고 화려한 궁이 완성될 것이다!
자! 이젠 유비를 혼내주러 가자! 나를 속이고 도망친 유비를 가만두지 않겠다!
총공격하라!
와아아아

조자룡과 관우가
앞장을 서고,
주창과 관평이 좌우를
맡는다.
유비
넵!
네!

적진을 돌파해서 형주의
유표에게로 가는 것이
목표!
네!!
알겠습니다!

조인! 하우돈!
적의 사기를 꺾도록
앞장서라.
넵!
조인
조조
하우돈
넷!

이럇!
가자!

자룡! 적이 오는군.
내가 오른쪽을
맡겠네.
네. 제가 왼쪽을
맡죠.

내가 조조 군의 선봉장 하후돈이다!
누가 나와 맞붙겠느냐!

바로 나다!

두
두
두
두

관우!
세상에 너만 강한 줄
알았느냐!
그건
아니지만..
참새가 있다면

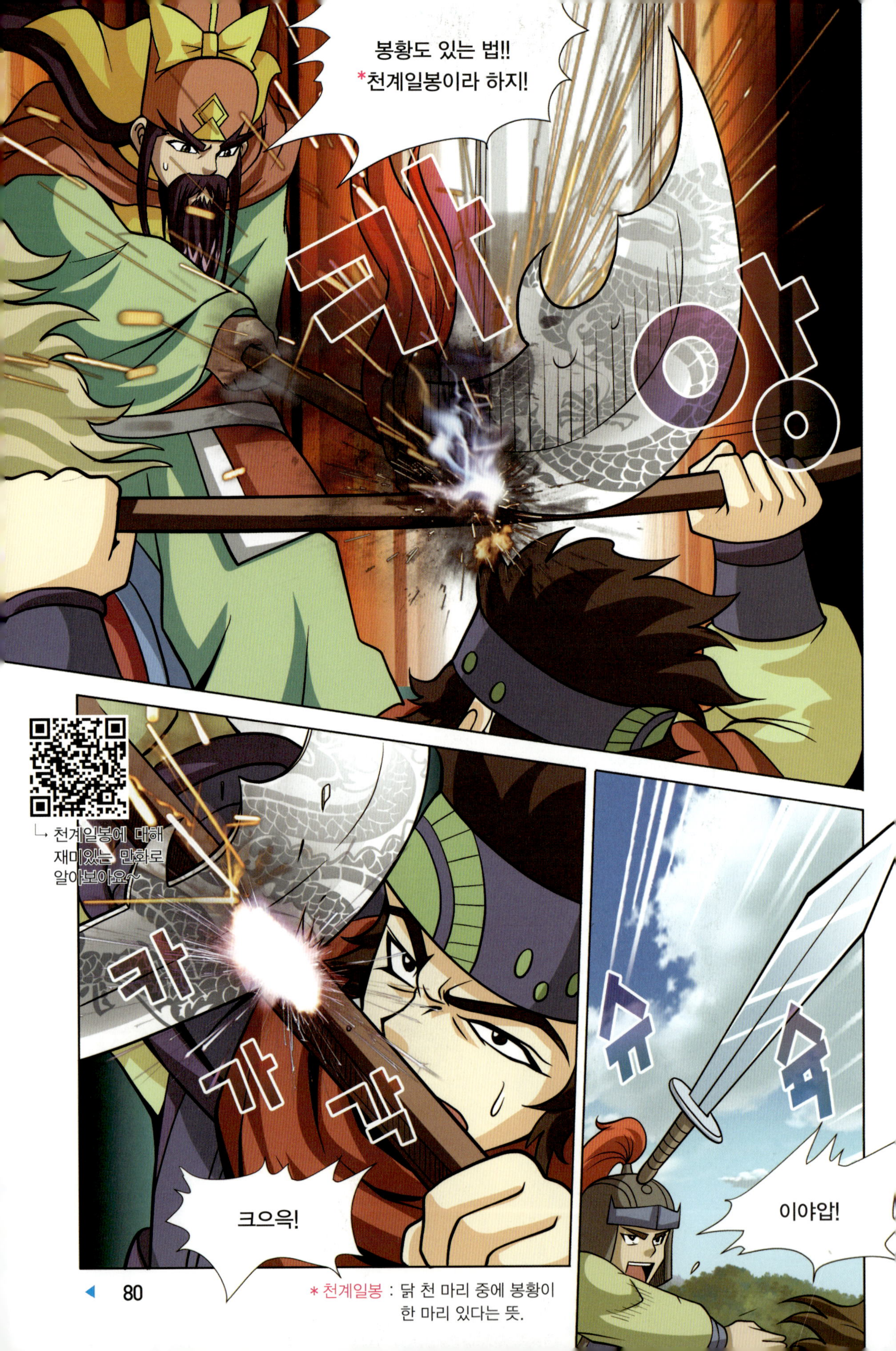

* 천계일봉 : 닭 천 마리 중에 봉황이
한 마리 있다는 뜻.

챙

흥!
자만하지 말라!
관우!

슈
슈
슈
!!

캉
카앙
캉

누..누구냐!
창 솜씨가
보통이 아니야!

상산 땅의
조자룡이다!

너의 상대는
나다.

얼굴을 보니
애송이로구나!
어린 놈이 어디서!!

좌
창
드디어 유비 주공을
위한 첫 전투!!
지금까지
갈고 닦았던 모든
실력을 보여 주겠다!
하아앗!

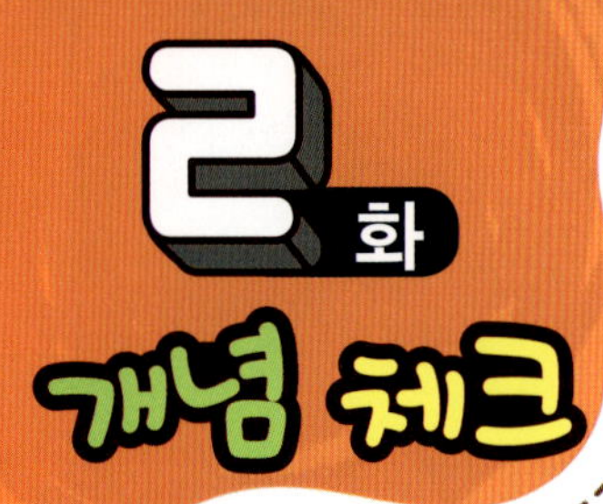

무게의 단위 t

(   )

(1) 2 t = ☐ kg   (2) 17000 kg = ☐ t

(   )

8 t •

0.8 t •

• 800 kg

• 8000 kg

• 8000 g

(　　　　　　　　　　)

2.5 t 트럭에는 　　　　　 kg까지 실을 수 있습니다.

3화
포위된 유비군!

하앗!
슉
슈
슈
카앙
캉
캉
어이쿠!
크윽!

목숨은 살려주겠다.
우리를 쫓지 마라.

조자룡!
어린 녀석이 이런
실력을 갖고 있다니!
이잇!

하압!

캉
캉
캉
캉

핫!

카카캉

잘 받아치는군.
조조 군에도
인물은 있었군!

헉
헉
끄, 관우...

콰
아
이것까지 막아내면
내가 인정해 주마!

흐앗!

카
앙
헉! 헉!
얼마든지 쳐내 주마!
헉
헉

대단하군.
인정해 주마!
길을 내준다면 더이상
싸우지 않겠다.
스르륵
웃기는 소리 작작해라.
내가 있는 한 아무도 이 길을
지나가지 못한다.

풀썩

적이지만 대단한
장수로군.

조자룡. 이대로
유비 주공이 유표에게
갈 길을 터 주자!
넵!
관우님!
두 두 두
콰 아 아

유비님, 조조 군이 성문을 돌파했습니다!
조조 군이 생각보다 더 빠르게 쳐들어 오고 있군!
형님! 어서 유표에게 갑시다.
전군 관우의 뒤를 따른다!
두
두
두
우리의 거점이 이렇게 사라지다니!! 하늘도 무심하구나!

유비는 어디 있느냐?!
유비를 잡아라!

유비는 뒷문으로 탈출한 것 같습니다.
뭣?

놓치면 안된다!
하후연! 악진! 허저! 장료! 유비를 추격해서 반드시 잡아라!

넵! 승상! 가자!!
하후연
악진
허저
장료
두 두 두 두

쿠
아
아

유비님! 뒤에서 조조 군의 기병대가 추격해 왔습니다!
숫자는 오천입니다!

우리는 보병 일이천 밖에 안 남았는데 어쩌면 좋단 말이냐!
아마 상대가 안 될거에요.

형님! 내가 죽음으로 혼자 막겠소!
나는 걱정말고 먼저 관우 형님을 따라가시오!

안된다! 장비! 우리는 다시는 헤어질 수 없다!
죽어도 함께 죽고 살아도 함께 살아야 한다!

저기! 조조의 기병대가 보입니다!
두 두 두

유비! 어딜 가느냐! 포기하고 말에서 내리거라!
하후연
허저
악진
쿠 쿵

어떡하지? 우리 군은 보병이라 금방 따라 잡혀 버렸어!
와아아

포위되었군.
이렇게 끝인건가..

유비 공!
이제 포기하고
조조님에게 투항하시오!
우리와 싸우면 살아남기
힘들 것이오.
장료

잠깐의
시간을 주겠다!
어서 투항하지 않으면
공격한다!

둥
둥
둥

시간이
많이 지났습니다.
장군.
할 수 없지!
모두 없앤다!

공격!
유비 군을
섬멸한다!
와아아
두
두 두

마지막까지 싸운다!
전투 준비!

두
두
두

청룡의
여의주를 써!
치우!
싸우면 안돼!

성하?!

아! 맞다!
청룡의 선물!
품 속에 넣어
두었었는데!
허둥
지둥

오!
여기 있다!
툭

앗!
내 여의주!
데구르르
그만
굴러가!
타
타
탓
탓
잡았다!
헤헤!
쿠
쿵

유비 군이 겁도없이
혼자 쳐들어오다니!
우릴
무시하냐?!
와와앗
으힉!
청룡!
도와줘!
유비 군이 겁도없이
혼자 쳐들어오다니!
파
앗

카
오

으앗!
용이다!
전설 속의 용이
어떻게 여기에?!

후퇴!
후퇴한다!
으앗!

조조 군이 후퇴합니다!
뭣이?!

치우가 조조 군을 후퇴시켰수!
잘했다 치우!

장비! 치우를 빨리 데려오라!
전군 유표를 향해 전진한다!

두
두
두

턱

크하하!
치우 요놈아!
넌 정말 신통방통한
놈이란 말야!
잘했다!

응?

쿠
울

치우..
다시 만날 때까지
건강해야 해...

형주성
채모 장군
두
둥
흠. 수군의 훈련은 잘
되고 있군. 이 정도면
그 누가 쳐들어와도
문제없다.

채장군님 수고하십니다. 장군님 덕분에 형주가 평화롭게 발전할 수 있는 것이지요.
하하! 과찬이십니다. 이곳까지 어쩐 일이십니까?
유기
괴월

소문은 들으셨나요? 유비가 조조에게 패해 이곳 형주로 오고 있답니다.

유비라면 천하에 인품이 높다고 소문난 사람 아닌가요?

인품이 높기는 무슨.. 유기 공자. 유비는 조조에게 매번 패해 여기저기 떠돌아다니는 객장이라오.
...

얕보면 큰 코 다치지.
그러나, 그가 데리고 있는 장수들은 하나 같이 대단한 장수들이지요. 관우, 장비 같은 장수 말이오.

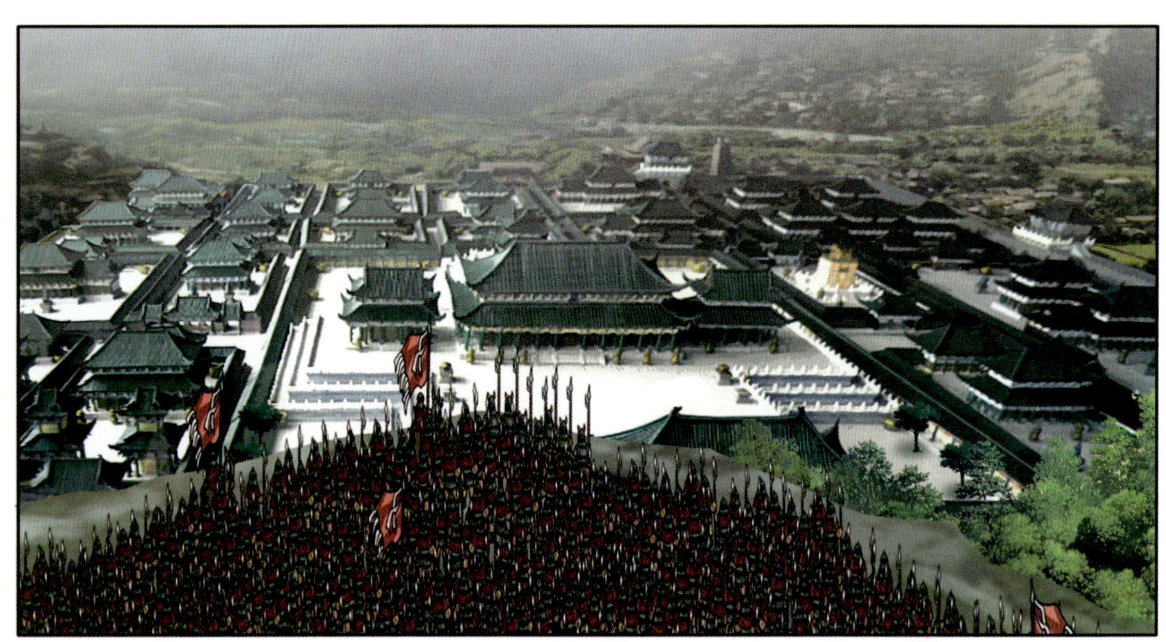

정말 형주는 평화롭고 풍족하구나!
맞습니다. 형님.

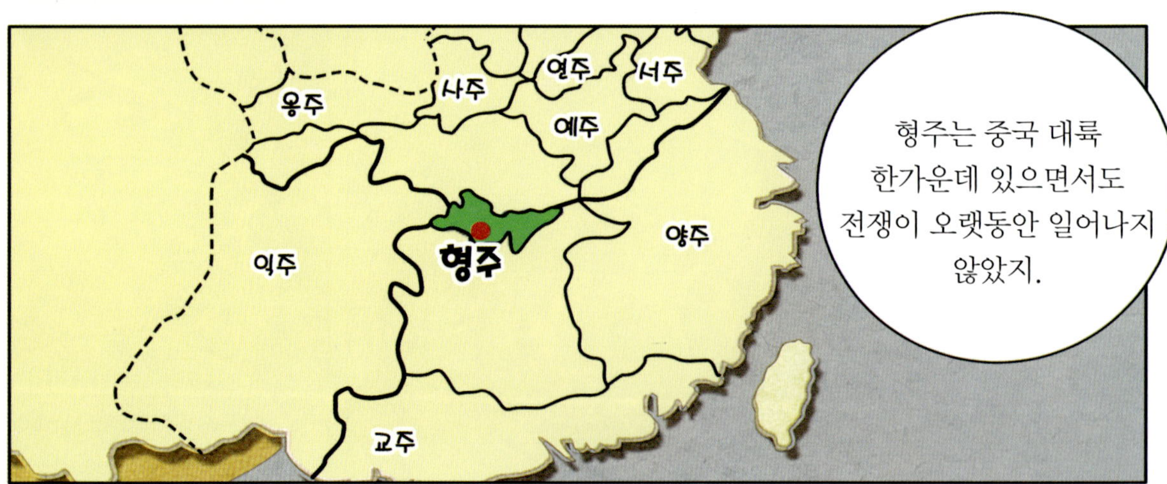

옹주
사주
연주
서주
예주
익주
형주
양주
교주
형주는 중국 대륙 한가운데 있으면서도 전쟁이 오랫동안 일어나지 않았지.

현명한 선비들과 뛰어난 인재들이 전쟁을 피해 이곳으로 많이 왔다고 합니다.
형주의 태수인 유표 공은 강남에서 이름 높은 *'강하팔준' 중 한 분이시지요.

유표님이 우릴 받아줘야 할텐데..

와글
와글

웅성
웅성

저분이 유비시라고?
충심도 깊고 황제의 아저씨뻘 이라던데?
백성들에게 친절하다더군.
웅성
웅성

비켜 보슈.
툭

* 화병(畫餠) : 화중지병과 같은 말. '그림의 떡'이라는 뜻으로 실력없이 명성만 화려한 자를 말함.

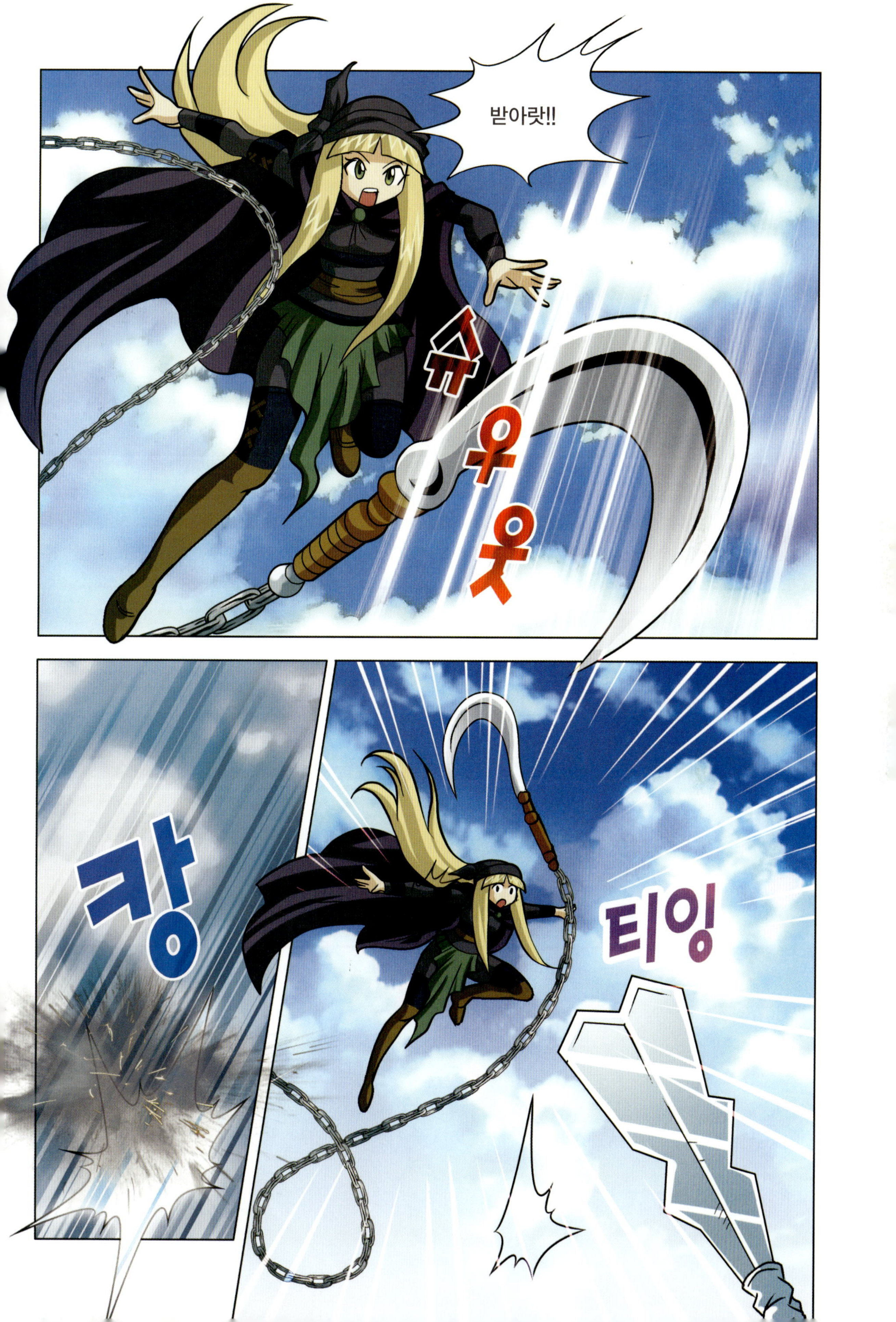

받아랏!!
슈
우
웃
캉
티잉

내 공격을
막았어?!

칫!
탓

응?
위험한 장난감은
너희 집에서나 갖고
놀거라~

핫!
언제 내 뒤로
온 거야?
팟

어딜 가?!
부
웅

사 락

우 당 탕

장비. 여긴 유표의 땅이다. 문제 일으키지 말거라.
알겠수.

제 아우의 실례를
용서해 주시오.

괜찮으신가요?

훌륭한 생각이군요!
꼭 뜻을 이루시길
바랍니다.

나..나는
대 해적대장
감녕이시다!

나는 해적단을
해산시키고
정식으로 장군이
되려고 왔다!

칫!
두..두고 보자!

어디 가?

네 장난감
가져가야지.

툭

...

유표의 궁

유비 공이
드십니다!
끼이익

어서 오시오.
유비 공.
유표

무너져가는 한실을 우리 유씨들이 지켜야 하오.
유비 그대야말로 *충의지사요.
유표님이 제게 그런 말씀을 해 주시니 황공합니다.

* 충의지사 : 충성스럽고 절개가 곧은 선비.

조조는 황제를 모시는 척 하면서 나라를 어지럽히는 간신일세!
손권도 세상을 집어삼키려는 것은 마찬가지라네!

우리 형주가 그 두 이리떼들의 한가운데에 위치하고 있으니 그 얼마나 위험한 일이겠나!
유표 공의 걱정은 잘 알겠습니다.

저에게는 좋은 장수들이 있습니다. 조조나 손권이 쳐들어올 때 조금이나마 도움이 될 것입니다.

관우와 장비의 소문은 내 익히 들어 알고 있소. 아주 든든하구려.
주공! 드릴 말씀이 있습니다!

우리 형주는 저희 장수들 만으로도 지금까지 잘 지켜왔습니다!
유비의 도움은 필요없습니다.
채모 장군

흐음.. 내 물론 우리 군의 장수들을 믿긴 하지만...

진짜 조조 군을 만나본 적이 없으니 저런 철없는 소릴 하는 거지.
뭣이?!

장비! 함부로 나서지 말거라!
형님도 저 녀석들만으론 조조의 상대가 안되는 걸 알잖수.
뭐시라!

유비 공. 형주의 구석에 신야라는 작은 마을이 있네. 우선 그곳을 맡아 주게나.
아닙니다.
그곳이면 충분하지요. 바로 떠나겠습니다.
미안하네.

이 아이는 제 첫째 아들 유기라오. 같이 보낼테니 잘 부탁하오.
유기입니다.
착하지만 몸이 좀 약해서 걱정이라오.

유..유비님. 실제로.. 뵈니 굉장하네요. 많이 가르쳐 주세요.
유기 공자님. 잘 부탁합니다.

장비. 치우는 아직도 자고 있는가?
말도 마슈. 5일째 잠만 자고 있수다.
드르렁 쿨~

치우가 아니었으면 우린 모두 죽은 목숨이었네.
어서 일어나야 하는데..

...

으음.. 무..물...

형님! 치우 녀석이 깨어나려나 봐요!
물을 찾고 있소!

조자룡! 아닐세. 내가 얻어오지!
제가 민가에 가서 물을 얻어 오겠습니다.

복룡 거기 안에 있나?
선생님께서는 옆마을로 가셨는데요.
전해드릴 것이라도 있나요?
수경 선생
하하. 별거 아니야.
곧 이곳에 아주 귀한 손님이 오실 거라고 이야기 해 주려고..

귀한 손님이요?
황제라도 오나요?

글쎄 그렇다고도
아니라고도 할 수 있는
사람이지.

그 사람이 오거든 물을
찾을 거야.
물을 주되
이 파란 약은
3수저 이상 넣고
이 노란 약은 5수저
이하로 넣거라.

이상과 이하는
알고 있지?
그럼요.

제가 선생님 밑에 있으면서
얼마나 많은 책을
읽었는데요.

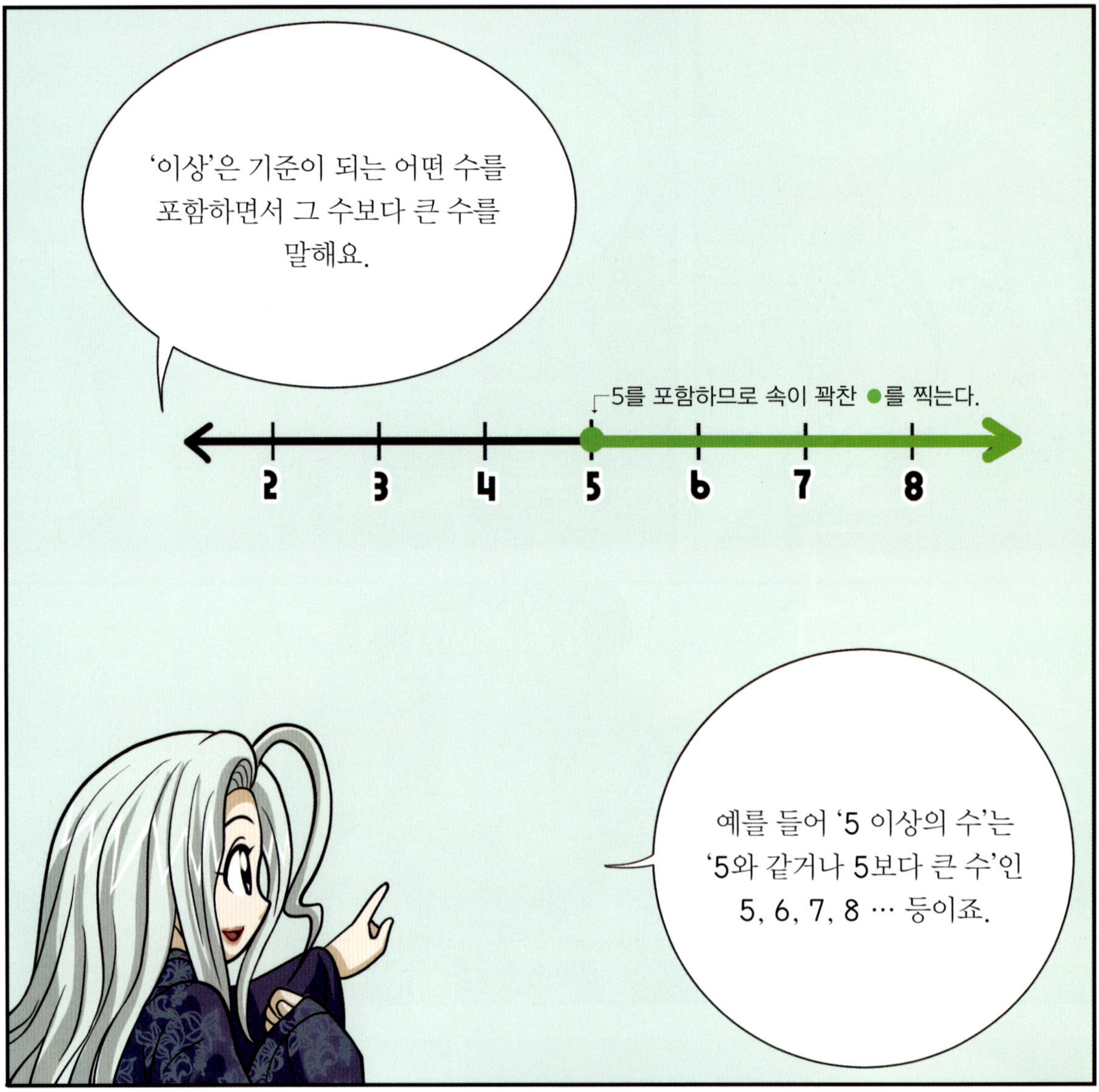

'이상'은 기준이 되는 어떤 수를
포함하면서 그 수보다 큰 수를
말해요.
5를 포함하므로 속이 꽉찬 ●를 찍는다.
2 3 4 5 6 7 8
예를 들어 '5 이상의 수'는
'5와 같거나 5보다 큰 수'인
5, 6, 7, 8 … 등이죠.
즉 '이상'은 크거나
같은 수이구요,

'이하'는 작거나
같은 수예요.

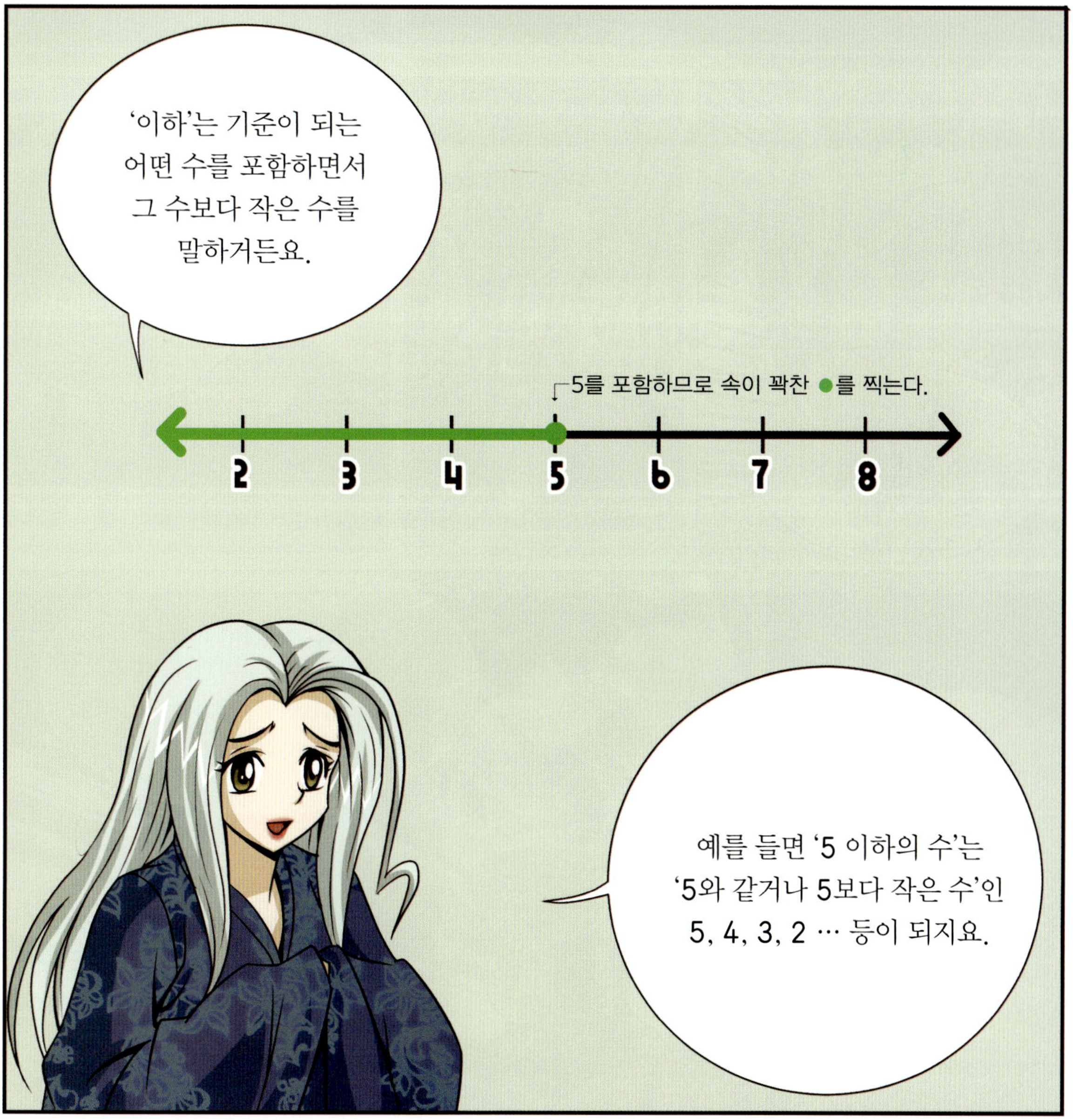

'이하'는 기준이 되는
어떤 수를 포함하면서
그 수보다 작은 수를
말하거든요.

5를 포함하므로 속이 꽉찬 ●를 찍는다.

2 3 4 5 6 7 8

예를 들면 '5 이하의 수'는
'5와 같거나 5보다 작은 수'인
5, 4, 3, 2 … 등이 되지요.

네 수경 선생님.
안녕히 가세요~
잘 알고 있구나.
그럼 다음에
다시 오마.

어디 보자.
파란 약은 3수저 이상,
노란 약은 5수저 이하로
넣으라고 했지?
끼익

계세요?
누구 없나요?

잠깐만요!
캉
쟁그랑
안
17권에 계속...

17권 다음 이야기

유비는 뛰어난 지략가인 제갈공명을 얻기 위해 찾아갔다가 제갈공명의 시녀
만 만나고 제갈공명은 못 만난 채 돌아온다.
이후 인재를 찾기 위해 치우와 마을을 돌아다니던 유비는 수경 선생을 만나
복룡, 봉추에 대한 이야기를 듣고 찾아나서는데...

여남 전투

조조가 원소를 치러 간 사이 조조의 본거지인 허도는 비어 있었고, 유비는 이를 노리고 조조의 세력이 커지기 전에 허도를 공격하러 간다.

이에 조조가 군사를 돌려 15만 대군을 이끌고 허도로 가는 길목인 양산에서 유비와 맞닥뜨린다. 유비는 조자룡으로 하여금 공격하게 하고, 조조 군에서는 허저가 맞서지만 패배하고 만다. 이후 조조는 10일 동안 싸움에 응하지 않다가 하후연을 시켜 유비의 군량미 수송부대를 공격하고 유비는 장비를 보내 막게 한다. 하지만 장비는 조조 군에게 크게 패해 포위되고 조조는 하후돈과 하후연을 시켜 유비의 본거지 여남을 공격하자 이에 유비는 관우를 시켜 막게 한다. 그러나 관우마저 적에게 포위당하고 여남으로 후퇴하려던 유비는 조조의 기습 공격으로 크게 패하고 탈출하려고 하지만 조조의 부하 고람과 마주치고 만다. 위기에 빠진 유비 앞에 조자룡이 나타나 고람을 물리쳐 유비를 구해내고, 관우 또한 포위망을 뚫고 장합을 무찌른다. 장비와도 합류한 유비 군은 전열을 정비해 형주 자사 유표에게로 향한다.

이상과 이하

17보다 크거나 같은 수를 17 [   ] 인 수라고 합니다.

치우

유비

성하

(   )

9 이하인 수

4 5 6 7 8 9 10 11

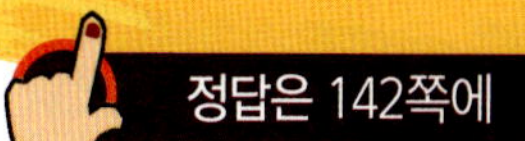

퀴즈 4

5, 7	8, 9
치우	성하

(   )

퀴즈 5

도해

(   )

퀴즈 6

(   )

3화에서 알게된 수학개념

- 5 이상인 수 : 5, 5.2, 6, 9.3 등과 같이 5와 같거나 5보다 큰 수
- 5 이하인 수 : 5, 4.9, 3.6, 2 등과 같이 5와 같거나 5보다 작은 수

개념 스토리 1 　넓이의 단위 m^2, a

- 한 변이 10 m인 정사각형의 넓이를 1 a라 쓰고 1 아르라고 읽습니다.

10 m

1 a ㅣ10 m

1 a

1 a＝100 m^2

1

m²와 a 사이의 관계를 잘못 말한 사람을 찾아 이름을 써 봐.

2

16 a는 160 m²야.
아니야! 16 a는 1600 m²라구.
치우
성하

(   )

다음 직사각형 모양의 밭의 넓이는 몇 a인지 구해 봐.

3

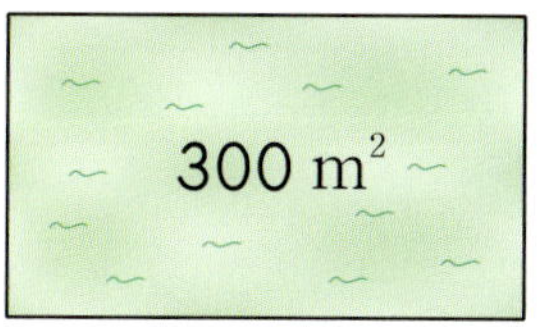
300 m²

(   )

마름모 모양의 보물방의 넓이를 m²와 a 단위로 각각 나타내 봐.

4

한 대각선이 40 m, 다른 대각선이 60 m인 보물방이야!

(   ) m²

(   ) a

- 한 변이 100 m인 정사각형의 넓이를 1 ha라 쓰고 1 헥타르라고 읽습니다.

100 m

1 ha 100 m

1 ha

- 한 변이 1 km인 정사각형의 넓이를 1 km^{2}라 쓰고 1 제곱킬로미터라고 읽습니다.

1 km

1 km^2 1 km

1 km^2

5

청룡

1 ha

관계있는 것끼리 선으로 이어 봐.

6

100 ha

1 ha

100 a

1 km^2

유비의 물음에 답해 봐.

7

한 변이 300 m인 정사각형의 넓이는 몇 km^{2}인가?
유비

(   )

더 넓은 넓이를 말한 사람을 찾아 이름을 써 봐.

8

인천시와 경기도 갯벌의 넓이는 약 83850 ha야.
치우

전라남도 갯벌의 넓이는 약 1054 km^{2}야.
성하

(   )

넓이 단위 사이의 관계

• 넓이 단위 m^2, a, ha, km^2 사이의 관계

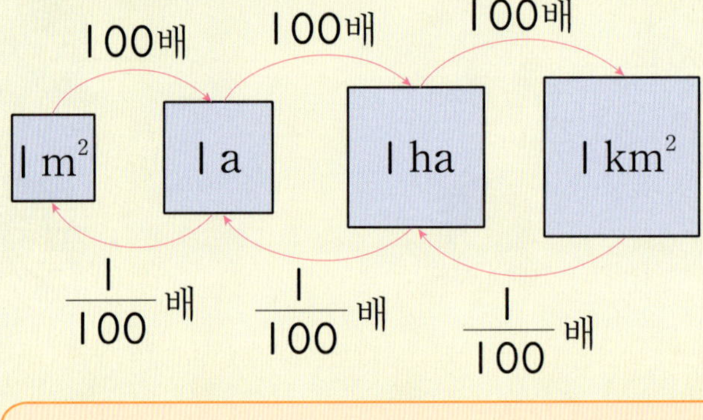

9

(1) 2 km^2=   ha

(2) 70000 a=   ha

(3) 3 ha=   a

(4) 500 ha= km^2

10

개념 스토리 4 무게의 단위 t

• 무게의 단위 t

  1000 kg의 무게를 1 t이라고 합니다.

  쓰기: 1 t   읽기: 1 톤

  1 t

  1000 kg=1 t

• 무게 단위 사이의 관계

  1 kg=1000 g, 1 t=1000 kg

  1000배   1000배

  1 g   1 kg   1 t

  $\frac{1}{1000}$배 $\frac{1}{1000}$배

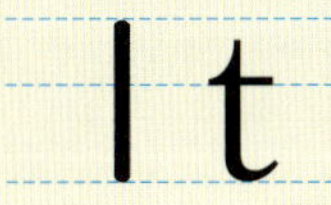

11

(1) 2 t=☐ kg

(2) 7 t=☐ kg

(3) 5000 kg=☐ t

(4) 9000 kg=☐ t

12

(   )

개념 스토리 5 　이상과 이하

· 이상: 8, 9, 10.2 등과 같이 8보다 크거나 같은 수를 8 이상인 수라고 합니다.

· 이하: 2, 3.5, 5 등과 같이 5보다 작거나 같은 수를 5 이하인 수라고 합니다.

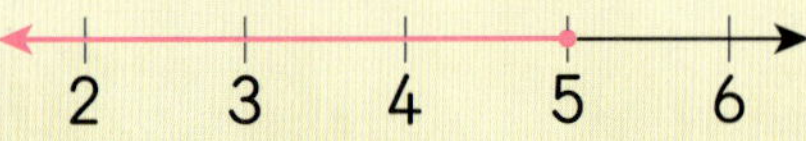

다음 수 중에서 4 이상인 수에 모두 ◯표 해.

13

3	4	5
(　)	(　)	(　)

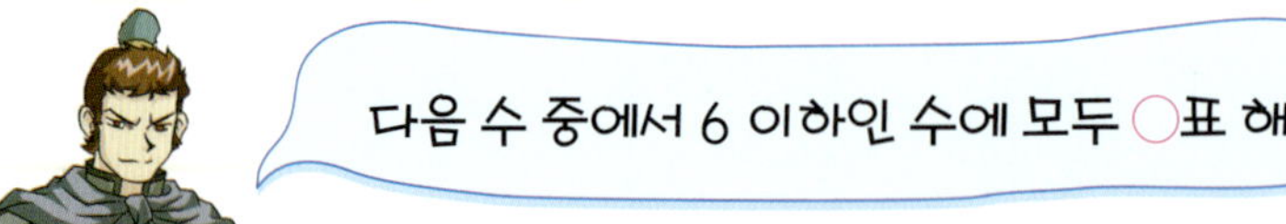

다음 수 중에서 6 이하인 수에 모두 ◯표 해.

14

5	6	7
(　)	(　)	(　)

15

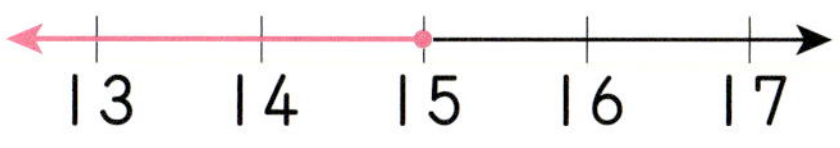

(   )

16

30보다 크거나 같은 수를 30 □ 인 수라고 합니다.

17

주작에 5명 이상 9명 이하까지 탈 수 있어.
□ 안에 알맞은 수를 써넣어 봐.

5 이상 9 이하인 자연수는 5, □ , □ , 8, □ 입니다.

• 넓이? 너비?

넓이와 너비는 같은 말일까요?

넓이는 면적을 가리키는 말이고, 너비는 폭을 가리키는 말이에요.
따라서 성하는 옷의 면적을 말하는 것이므로 너비가 아니라 넓이라고 표현해야 합니다.
예를 들어 책상의 긴 쪽의 너비는 90 cm, 책상의 넓이는 4500 cm^2라고 말해야 해요.

• 나의 혈압은 정상일까?

 혈압은 혈액이 혈관 속으로 흐르고 있을 때 혈관 벽에 미치는 압력이에요.

일반적으로 혈압의 범위는 다음과 같아요.

(단위: mmHg)

	최고 혈압	최저 혈압
정상	120 이하	80 이하
고혈압	140 이상	90 이상
저혈압	90 이하	60 이하

맵고 짠 음식은 피하고, 채식 위주의 식사를 하면 혈압에 좋아요.

〈혈압에 좋은 음식〉

   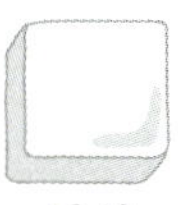

토마토　　　콩　　　마늘　　　양파　　　두부　　　우엉

Quiz

1. 최고 혈압이 150 mmHg이면 저혈압일까요, 고혈압일까요?

• 12억을 다스리는 세계에서 가장 작은 나라

여러분은 세계에서 가장 작은 나라가 어딘지 알고 있나요?
세계에서 가장 작은 나라로 꼽히는 곳은 로마에 있는 바티칸 시국이에요.
바티칸 시국은 전체 면적이 $0.44\ km^2$이고 인구가 1000여 명 정도밖에 되지 않는 가장 작은 주권국이랍니다.

▲ 성당 내부의 피에타 조각상

하지만 전 세계 어느 나라보다도 막강한 영향력을 갖고 있어요. 바티칸 시국은 인류에 큰 영향을 미친 가톨릭교의 중심지이기 때문이지요.

Quiz

2. 넓이가 $0.44\ km^2$인 바티칸 시국의 넓이를 주어진 단위로 나타내시오.

[　　　] ha, [　　　] a

• 점점 커지는 컴퓨터 데이터의 크기별 단위는?

오늘 날 컴퓨터를 사용하면서 점점 높아지는 데이터 단위에 대하여 알아보아요.
정보화 시대에 발 맞춰서 증가하고 있는 데이터의 양을 표현하는 단위는 다음과 같아요.

Ⅰ 바이트 (B)=8 bit
Ⅰ 킬로바이트 (KB)=Ⅰ024 B
Ⅰ 메가바이트 (MB)=Ⅰ024 KB
Ⅰ 기가바이트 (GB)=Ⅰ024 MB

보통 컴퓨터에서 처리하는 가장 작은 데이터의 단위를 비트(bit)라고 해요.
Ⅰ 비트는 0 또는 Ⅰ이라는 숫자 값 중 하나를 저장할 수 있는 메모리 공간의 크기를 말해요.

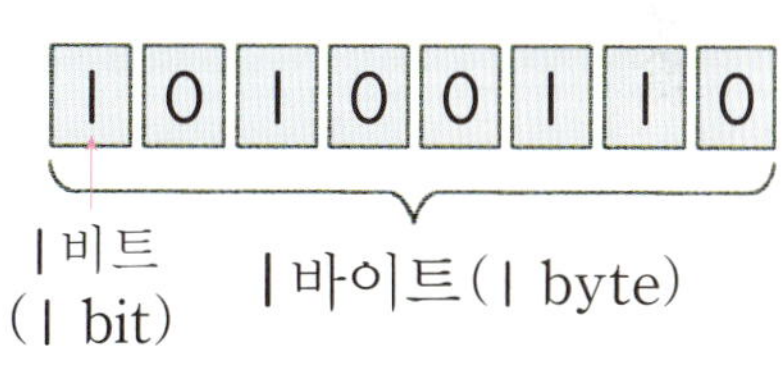

· 행성의 무게

 행성들의 무게는 다음과 같이 나타낼 수 있어요.

〈수성〉

약 33000000000000000000 t
➡ 약 3해 3000경 t

〈금성〉

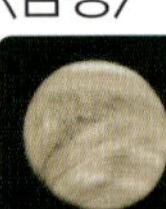
약 4900000000000000000000 t
➡ 약 49해 t

〈지구〉

약 5970000000000000000000 t
➡ 약 59해 7000경 t

〈화성〉

약 6400000000000000000000 t
➡ 약 6해 4000경 t

〈목성〉

약 1900000000000000000000000 t
➡ 약 1자 9000해 t

〈토성〉

약 56900000000000000000000000
➡ 약 5690해 t

〈천왕성〉

약 8680000000000000000000 t
➡ 약 868해 t

〈해왕성〉

약 10200000000000000000000000
➡ 약 1020해 t

1화 개념 체크 46~47쪽

퀴즈 1 a

퀴즈 2
(1) 100 (2) 500
(3) 1.2 (4) 2000

퀴즈 3 $1 km^2$

퀴즈 4 도해

퀴즈 5 11200

퀴즈 6 (위에서부터) 100, a

퀴즈 1

한 변이 $10 m$인 정사각형의 넓이는 $1 a$입니다. 꽃밭의 넓이는 $1 a$입니다.

퀴즈 2

(1) $1 a = 100 m^2$
(2) $1 ha = 100 a$
$\Rightarrow 5 ha = 500 a$
(3) $100 a = 1 ha$
$\Rightarrow 120 a = 1.2 ha$
(4) $1 km^2 = 100 ha$
$\Rightarrow 20 km^2 = 2000 ha$

퀴즈 3

모눈 한 칸의 넓이는 $1 ha$이고 전체는 모눈 100칸이므로 전체의 넓이는 $100 ha$입니다.
$\Rightarrow 100 ha = 1 km^2$

퀴즈 4

초선: $100 m^2 = 1 a$이므로
$200 m^2 = 2 a$입니다.
도해: $100 ha = 1 km^2$이므로
$3000 ha = 30 km^2$입니다.

퀴즈 5

(직사각형의 넓이)$= 14 \times 8 = 112 (km^2)$
$\Rightarrow 1 km^2 = 100 ha$이므로
$112 km^2 = 11200 ha$입니다.

퀴즈 6

$1 m^2$의 100배 $\Rightarrow 100 m^2 = 1 a$
$1 ha = 100 a$이므로
$1 ha$는 $1 a$의 100배입니다.

2화 개념 체크 84~85쪽

퀴즈 1 $1 t$

퀴즈 2 (1) 2000 (2) 17

퀴즈 3 t

퀴즈 4 (선 잇기)

퀴즈 5 성하

퀴즈 6 2500

퀴즈 1

$1000 kg = 1 t$

퀴즈 2

(1) $1 t = 1000 kg \Rightarrow 2 t = 2000 kg$
(2) $1000 kg = 1 t \Rightarrow 17000 kg = 17 t$

퀴즈 3

코끼리와 같이 무거운 무게를 나타내기에 알맞은 단위는 t입니다.

퀴즈 4

$1 t = 1000 kg$
$\Rightarrow 8 t = 8000 kg$, $0.8 t = 800 kg$
$8000 g = 8 kg$입니다.

퀴즈 5

성하: 1000 kg=1 t이므로
　　　550 kg=0.55 t입니다.
치우: 1 t=1000 kg이므로
　　　4.6 t=4600 kg입니다.

퀴즈 6

1 t 트럭에는 1 t까지 실을 수 있으므로
2.5 t 트럭에는 2.5 t까지 실을 수 있습니다.
⇨ 2.5 t=2500 kg

3화 개념 체크　126~127쪽

퀴즈 1 이상

퀴즈 2 유비

퀴즈 3
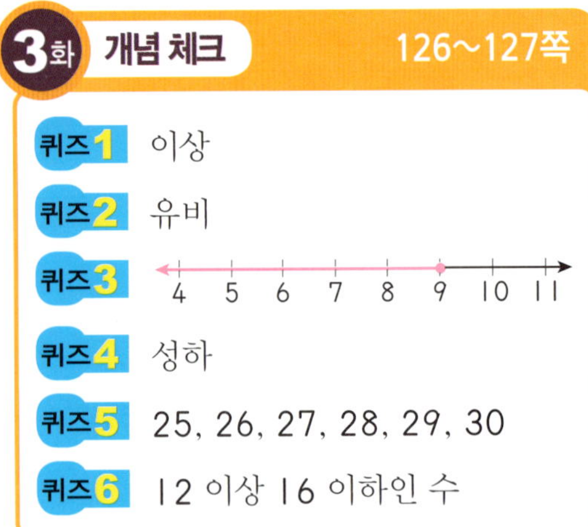

퀴즈 4 성하

퀴즈 5 25, 26, 27, 28, 29, 30

퀴즈 6 12 이상 16 이하인 수

퀴즈 1

'~보다 크거나 같은 수'는 '이상'으로 나타냅니다. 17보다 크거나 같은 수는 17 이상인 수입니다.

퀴즈 2

21 이상인 수는 21보다 크거나 같은 수입니다. 12, 21, 10 중에서 21보다 크거나 같은 수는 21입니다.

퀴즈 3

9에는 점 ●으로 나타내고 9의 왼쪽으로 선을 긋습니다.

퀴즈 4

8 이하인 수는 8보다 작거나 같은 수입니다. 9는 8보다 크므로 8 이하인 수가 아닙니다.

퀴즈 5

25 이상 30 이하인 자연수는 25보다 크거나 같고 30보다 작거나 같은 자연수입니다.
⇨ 25, 26, 27, 28, 29, 30

퀴즈 6

12와 16에는 점 ●으로 나타내었고 두 점 사이에 선이 그어져 있으므로 12 이상 16 이하인 수입니다.

스토리텔링 문제　128~135쪽

1　a
2　치우
3　3 a
4　1200, 12
5　1 ha 1 ha
6　:＞＜:
7　0.09 km^2
8　성하
9　(1) 200　(2) 700　(3) 300　(4) 5
10　100, 100, 100
11　(1) 2000　(2) 7000　(3) 5　(4) 9
12　1000개
13　(　) (◯) (◯)
14　(◯) (◯) (　)
15　치우
16　이상
17　6, 7, 9

1 $100 \, m^2 = 1 \, a$

2 $1 \, a = 100 \, m^2$이므로 $16 \, a = 1600 \, m^2$
입니다.
따라서 m^2와 a 사이의 관계를 잘못 말한
사람은 치우입니다.

3 $1 \, a = 100 \, m^2$이므로 $300 \, m^2 = 3 \, a$입
니다.

4 (보물방의 넓이)
$=$(한 대각선)$\times$(다른 대각선)$\div 2$
$=40 \times 60 \div 2$
$=1200 \, (m^2)$
$\Rightarrow 12 \, a$

5 1 헥타르를 $1 \, ha$라고 씁니다.

6 $1 \, ha = 100 \, a$,
$1 \, km^2 = 100 \, ha$

7 (한 변이 $300 \, m$인 정사각형의 넓이)
$=$(한 변)$\times$(한 변)
$=300 \times 300$
$=90000 \, (m^2)$
$\Rightarrow 0.09 \, km^2$
따라서 한 변이 $300 \, m$인 정사각형의 넓
이는 $0.09 \, km^2$입니다.

8 $1 \, km^2 = 100 \, ha$이므로
$1054 \, km^2 = 105400 \, ha$입니다. 따라
서 더 넓은 넓이를 말한 사람은 성하입니다.

9 (1) $1 \, km^2 = 100 \, ha$입니다.
$\quad \Rightarrow 2 \, km^2 = 200 \, ha$
(2) $100 \, a = 1 \, ha$입니다.
$\quad \Rightarrow 70000 \, a = 700 \, ha$
(3) $1 \, ha = 100 \, a$입니다.
$\quad \Rightarrow 3 \, ha = 300 \, a$
(4) $100 \, ha = 1 \, km^2$입니다.
$\quad \Rightarrow 500 \, ha = 5 \, km^2$

10

100배　100배　100배

| $1 \, m^2$ | $1 \, a$ | $1 \, ha$ | $1 \, km^2$ |

11 (1) $1 \, t = 1000 \, kg$입니다.
$\quad \Rightarrow 2 \, t = 2000 \, kg$
(2) $1 \, t = 1000 \, kg$입니다.
$\quad \Rightarrow 7 \, t = 7000 \, kg$
(3) $1000 \, kg = 1 \, t$입니다.
$\quad \Rightarrow 5000 \, kg = 5 \, t$
(4) $1000 \, kg = 1 \, t$입니다.
$\quad \Rightarrow 9000 \, kg = 9 \, t$

12 $1000 \, kg = 1 \, t$입니다.
$1 \, t$이 되려면 $1 \, kg$짜리 공은 1000개 있
어야 합니다.

13 4 이상인 수: 4보다 크거나 같은 수
$\Rightarrow$ 4, 5 모두 4 이상인 수입니다.

14 6 이하인 수: 6보다 작거나 같은 수
$\Rightarrow$ 5, 6 모두 6 이하인 수입니다.

15 15보다 작거나 같은 수이므로 15 이하인
수입니다.
$\Rightarrow$ 바르게 말한 사람은 치우입니다.

16 30보다 크거나 같은 수를 30 이상인 수
라고 합니다.

17 5 이상 9 이하인 자연수: 5보다 크거나
같고, 9보다 작거나 같은 자연수
$\Rightarrow$ 5, 6, 7, 8, 9

수학 지식의 백과사전 136~140쪽

1 고혈압
2 44, 4400

1 최고 혈압이 $140 \, mmHg$ 이상일 때 고혈
압이므로 최고 혈압이 $150 \, mmHg$이면
고혈압입니다.

2 $1 \, km^2 = 100 \, ha = 10000 \, a$이므로
$0.44 \, km^2 = 44 \, ha = 4400 \, a$입니다.